Romy Griebel

Betriebswirtschaftliche Effekte familienfreundlicher Maßnahmen

IGEL Verlag

Romy Griebel

Betriebswirtschaftliche Effekte familienfreundlicher Maßnahmen

1. Auflage 2009 | ISBN: 978-3-86815-149-7

Die Deutsche Bibliothek verzeichnet diesen Titel in der Deutschen Nationalbibliografie.
Bibliografische Daten sind unter http://dnb.ddb.de verfügbar.

IGEL Verlag

Inhaltsverzeichnis

Anlagenverzeichnis

Abkürzungsverzeichnis

BErzGG	Bundeserziehungsgeldgesetz
BMFSFJ	Bundesministerium für Familie, Senioren, Frauen und Jugend
EK	Einkommensklassen
ff	familienfreundlich
gGmbH	gemeinnützige Gesellschaft mit beschränkter Haftung
SGB	Sozialgesetzbuch

Abbildungsverzeichnis

1 Einleitung

1.1 Problemstellung und Zielsetzung

Familienfreundlichkeit oder auch die Vereinbarkeit von Familie und Beruf ist derzeit in aller Munde. Die Bundesregierung ermutigt angesichts des drastischen Geburtenrückgangs[1] auf der einen Seite die Familien mit Hilfe zahlreicher Angebote wie beispielsweise dem Elterngeld, mehr Kinder in die Welt zu setzen. Sie weist aber auf der anderen Seite auch die Unternehmen auf ihre Verantwortung hin, für ein gutes Zusammenwirken von familiären Interessen und beruflichen Angelegenheiten zu sorgen[2].

Die Bedeutung familienfreundlicher Maßnahmen schätzen immerhin 71,7 % der deutschen Unternehmen als wichtig ein[3]. Allerdings ist ihnen die Finanzierung der Maßnahmen meist nicht deutlich. Viele Entscheidungsträger[4] (44 %) geben deshalb immer noch „fehlende Geldmittel" als einen der Hauptgründe gegen die Einführung familienorientierter Arbeitsplätze an[5].

In Zeiten steigenden Kostendrucks für die Unternehmen soll das Ziel der vorliegenden Untersuchung deshalb sein, nochmals auf die Notwendigkeit von betrieblichem Engagement aufmerksam zu machen. Zudem sollen mit Hilfe einer betriebswirtschaftlichen Betrachtungsweise die Effekte familienfreundlicher Maßnahmen herausgestellt werden. Darüber hinaus sollen geeignete Controlling-Instrumente gefunden werden, mit denen die Unternehmen Maßnahmen zur besseren Vereinbarkeit von Familie und Beruf auf ihre Wirtschaftlichkeit hin prüfen können.

---

1 Vgl. Statistisches Bundesamt (2006a), S. 6 ff.

2 Vgl. BMFSFJ (2006a), S. 5

3 Vgl. BMFSFJ (2006a), S. 10

4 Aus Gründen der Lesbarkeit wurde auf die Berücksichtigung der weiblichen und männlichen Form verzichtet. Selbstverständlich beziehen sich alle Ausführungen sowohl auf Frauen als auch auf Männer.

5 Vgl. Beiten, M. (2006), S. 81

2. Bedeutung und Notwendigkeit familienfreundlicher Maßnahmen für deutsche Unternehmen

Viele Unternehmen in Deutschland haben bereits erkannt, dass der Druck, sich mit dem Thema Familienfreundlichkeit auseinanderzusetzen, stetig zunimmt und auch die Bundesregierung sowie andere Institutionen (z.B. Forschungsinstitute, Arbeitgeber- und Arbeitnehmerverbände) machen die Dringlichkeit dieser Problematik deutlich. So wies der Bundespräsident Horst Köhler in seiner Antrittrede vom 01.07.2004 bereits darauf hin: „Wir müssen die Kraft haben, Familiengründungen auch parallel zu Ausbildung, Berufstätigkeit und Aufbau einer Existenz möglich zu machen. Ich appelliere an Politik und Wirtschaft, an Verbände und Verwaltung, vor allen Dingen an die Selbstverwaltungseinrichtungen: Schaffen Sie schneller bessere Bedingungen! Helfen Sie mit, dass Frauen und Männer die Entscheidung für eine berufliche Karriere frei treffen können, ohne sich deshalb gegen Kinder entscheiden zu müssen!"

2.1 Wirtschaftlicher Wandel

Die heutige Wirtschaftswelt ist im Gegensatz zur früheren von einer großen Schnelligkeit und Flexibilität geprägt. Gründe dafür sind neben der Verknappung der Zeit und des Geldes auch die Globalisierung und die Innovationen in der Informatik und Telekommunikation sowie die dramatische Steigerung der Komplexität[6]. Diese Rahmenbedingungen tragen dazu bei, dass sich die Unternehmen in Zeiten des wirtschaftlichen Wandels etwas einfallen lassen müssen, um wettbewerbsfähig zu bleiben. Dazu kommt, dass der Kostendruck auf die Unternehmen immer größer wird. Die Lehre des Change Management beschreibt am besten Strategien zur Bewältigung der Anforderungen, die die heutige Zeit mit sich bringt. Meine These ist, dass Familienfreundlichkeit in Zukunft die neue Herausforderung für Unternehmen sein wird, um qualifizierte Mitarbeiter an sich zu binden und damit einen wesentlichen Wettbewerbsvorteil in der schnelllebigen Wirtschaftswelt darstellt.

---

6 Vgl. Doppler, K. et al. (2005), S. 21 ff. Auf eine ausführliche Erläuterung der Rahmenbedingungen nach Doppler wird aufgrund des begrenzten Umfangs der vorliegenden Arbeit verzichtet.

2.2 Demographische Entwicklung

Mit Hilfe der Bevölkerungswissenschaft kann man heute relativ genau voraussagen, wie die Bevölkerungsentwicklung unter bestimmten Annahmen in den nächsten Jahren aussehen wird. Aufgrund der sinkenden Geburtenhäufigkeit schrumpft die bundesdeutsche Bevölkerung je Generation um ein Drittel. Die gestiegene Lebenserwartung trägt dazu bei, dass eine immer geringere Anzahl von Erwerbstätigen einer ständig steigenden Zahl von Rentnern gegenübersteht. Außerdem werden Pflegetätigkeiten innerhalb der Familie zunehmen. Im Moment sind die Auswirkungen kaum zu spüren, aber bis zum Jahr 2020 wird die dramatische Entwicklung unübersehbar sein und sich weiter verschlimmern. Die Rentenversicherung wie es sie heute mit Hilfe des Generationenvertrags gibt, ist dann nicht mehr umsetzbar, da deutlich weniger Arbeitskräfte relativ mehr erwirtschaften müssten. Die Leistungsfähigkeit und Produktivität der deutschen Wirtschaft würde dadurch erheblich leiden[7].

Dieser Trend lässt sich in eine andere Richtung lenken, wenn sowohl die Bundesregierung als auch die privatwirtschaftlichen Unternehmen umdenken und Maßnahmen ergreifen, die zu einer besseren Vereinbarkeit von Familie und Beruf führen und die Menschen dazu bewegt, mehr Kinder zu bekommen.

2.2.1 Geburtenverhalten

Derzeit bekommt eine Frau in Deutschland statistisch gesehen im Laufe ihres Lebens weniger als 1,4 Kinder. Die Geburtenentwicklung[8] wird als konstant angenommen, da es keine Anzeichen einer Trendwende gibt. Ein Trend zur Ein-Kind-Familie ist dabei auch nicht zu erkennen. Meistens bekommen die Frauen zwei Kinder oder keins[9].

---

7 Vgl. Beiten, M. (2006), S. 6

8 Sie wird zum einen bestimmt durch das Geburtenverhalten (auch Geburtenhäufigkeit genannt), das sich wiederum aus der durchschnittlichen Anzahl der Kinder je Frau und dem Alter der Mütter zusammensetzt. Ein weiterer Bestimmungsfaktor der Geburtenentwicklung ist die Anzahl der Frauen im gebärfähigen Alter, also der potentiellen Mütter. Diese Anzahl ist wiederum abhängig von der jeweiligen Altersstruktur.

9 Vgl. Beiten, M. (2006), S. 9

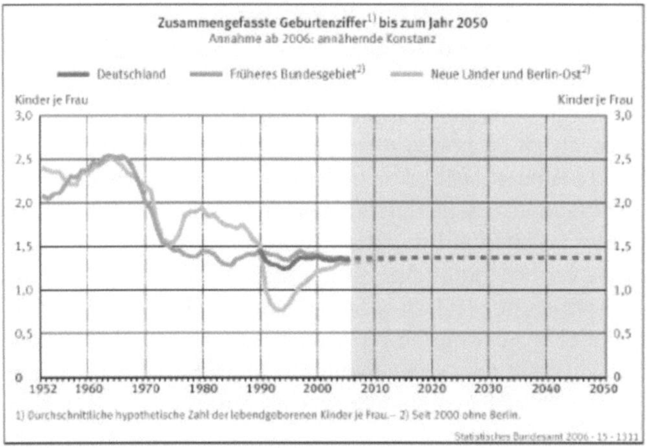

Abb.1: *Geburtenrate in Deutschland seit 1952*[10]

Neben den fehlenden Kinderbetreuungseinrichtungen wird die Geburtenkrise auch dem Fehlen an informellen Netzwerken zugeschrieben. Informelle Netzwerke können z. B ortsansässige Familienangehörige oder Freunde sein, die die Betreuung ganz oder teilweise übernehmen und diese so fast immer sicherstellen können. Zudem geht dies aufgrund der kostenfreien Fürsorge mit einer finanziellen Entlastung der Eltern einher[11]. Auch hier könnten Unternehmen bei der Gestaltung von familienfreundlichen Maßnahmen ansetzen und eine Gewährleitung von Betreuungsarrangements, die über die bereits bestehenden Angebote hinausreichen, fördern. Das könnte neben der Bezuschussung von längeren Öffnungszeiten auch z.B. eine Notfallbetreuung sein.

2.2.2 Entwicklung der Lebenserwartung

Seit 130 Jahren kann in Deutschland ein Rückgang der Sterblichkeit und damit eine Zunahme der Lebenserwartung verzeichnet werden[12]. Ursachen dafür sind Fortschritte in der medizinischen Versorgung, der Ernährung, der Hygiene, der Wohnsituation sowie bessere Arbeitsbedingungen

---

10 Statistisches Bundesamt (2006a), S. 9

11 Vgl. Hank, K. (2003), S. 5 ff.

12 1871/1881 betrug die durchschnittliche Lebenserwartung bei der Geburt bei Jungen 35,6 Jahre und bei Mädchen 38,4 Jahre. Seitdem hat sich die Lebenserwartung verdoppelt. 2002/2004 lag sie bei Jungen bei 75,9 und bei Mädchen bei 81,5 Jahren.

und der gestiegene materielle Wohlstand. Vor allem hat der starke Abbau von Infektionskrankheiten dazu geführt, dass die Säuglings- und Kindersterberate deutlich gesunken ist. Heute zählen Krebserkrankungen und Krankheiten des Kreislaufsystems zu den häufigsten Todesursachen, die allerdings hauptsächlich im hohen Alter auftreten[13]. Eine Zunahme der Lebenserwartung bedeutet auch, dass mehr Menschen Pflegeaufgaben in der Familie wahrnehmen. Diese müssen solche Aufgaben meist parallel zum Erwerbsleben ausüben und schätzen daher Maßnahmen zur besseren Vereinbarkeit von Pflegetätigkeiten und beruflichen Tätigkeiten als sehr hoch ein. Solche unbezahlten Arbeiten sind für die Gesellschaft enorm wichtig, da eine Auswahl an bezahlbaren Dienstleistungen meist nicht zur Verfügung steht oder nicht erwünscht ist. Unternehmen können also auch an dieser Stelle einen hohen Beitrag leisten.

2.2.3 Veränderter Altersaufbau

Ein Blick auf den Altersaufbau der Bevölkerung in Deutschland zeigt zudem sehr deutlich, dass von einer Alterspyramide[14] wie sie es noch vor knapp 100 Jahren gab, nun keine Rede mehr sein kann. Bereits 1950 haben die beiden Weltkriege und die Weltwirtschaftskrise um 1932 deutliche Narben in der Pyramide hinterlassen. Heute sind die mittleren Jahrgänge am stärksten vertreten, Ältere und Kinder dagegen weniger. In 50 Jahren werden die starken Jahrgänge weiter nach oben geschoben und von den Jüngeren ersetzt, sodass sich eine relativ steile und glatte Form ergibt[15].

---

13 Vgl. Statistisches Bundesamt (2006a), S. 12

14 Das Idealbild der Alterspyramide sieht wie folgt aus: Die stärksten Jahrgänge stellen die Kinder, und die Besetzungszahlen der älteren Jahrgänge verringern sich allmählich als Folge der Sterblichkeit (siehe Abb. 3)

15 Vgl. Statistisches Bundesamt (2006a), S. 34 ff.

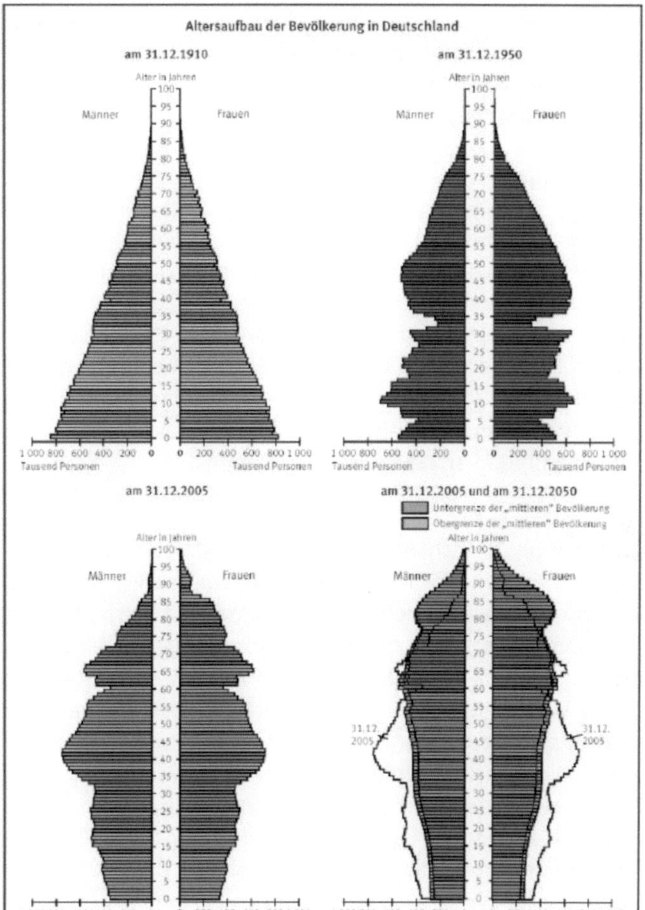

Abb. 2: ***Altersaufbau der Bevölkerung in Deutschland***[16]

Die Konsequenz daraus ist, dass die mittlere Generation, die eigentlich für die Erziehung der Kinder sorgen sollte, neben den Leistungen für die nachwachende Generation auch die Leistungen für die Älteren erwirtschaften muss. Die Anzahl derjenigen, die aus dem Erwerbsleben ausgeschieden sind oder noch nicht eingetreten sind, wird damit wesentlich größer sein als diejenigen, die einer Arbeit nachgehen. Gerade im Hin-

[16] Statistisches Bundesamt (2006a), S. 35

blick auf Rentenzahlungen nach dem bisherigen Modell des Generationenvertrags ist diese Konstellation mehr als schwierig. Eine Lösung könnten familienfreundliche Maßnahmen sein, damit künftige Generationen wieder stärker ausgeprägt sind.

2.2.4 Fachkräftemangel

Eine logische Konsequenz aus der dargestellten Bevölkerungsentwicklung ist der Mangel an Fachkräften. Da immer weniger Kinder geboren werden, können auch immer weniger Nachwuchskräfte ausgebildet werden. Auf der anderen Seite wächst die Wirtschaftskraft Deutschlands in größerem Maße. Dies ist aber nicht nur ein deutsches Problem. Seit 1998 existiert das von der Unternehmensberatung McKinsey geprägtes Schlagwort „War for Talents"[17], welches für die wachsenden Recruitierungsbemühungen ambitionierter Unternehmen steht[18].

Es fehlen z.B. derzeit in Deutschland rund 50.000 Ingenieure. Damit entsteht den deutschen Firmen ein Schaden in Höhe von mehreren Milliarden Euro. Die Unternehmen finden keine geeigneten Mitarbeiter und müssen ihre Stellen unbesetzt lassen. Dadurch können sie nicht alle Aufträge annehmen und auf die Entwicklung neuer Produkte verzichten. Die Folge ist, dass die Wertschöpfung verloren geht. Von dem Problem des Fachkräftemangels sind besonders mittelständische Betriebe betroffen. Sie können es sich nicht leisten, umfassende Personalrekrutierungsmaßnahmen zu finanzieren. Ihnen bleibt nur, bestehende Mitarbeiter besser an das Unternehmen zu binden. Eine Möglichkeit der besseren Bindung ist die Schaffung von familienfreundlichen Arbeitsplätzen[19].

Angesichts des zunehmenden Fachkräftemangels haben die meisten Unternehmen in Deutschland erkannt, dass sie mittels familienfreundlicher Maßnahmen zum einen eigene Potentialträger besser an ihr Unternehmen binden können, zum anderen aber auch im Wettbewerb um die besten Bewerber punkten können[20].

---

17 sinngemäß übersetzt „Der Kampf um die Besten"

18 Vgl. 4managers, (8)

19 Vgl. Langhoff, N. et al. (2007), S.26 f.

20 Gemäß einer repräsentativen Allensbach-Umfrage im Auftrag der Bundesregierung vom Juni 2007 erkannten mehr als 60 % der Leiter und Personalverantwortlichen von Wirtschaftsunternehmen, dass es in Zukunft Probleme mit der Personalrekrutierung geben wird. Fast die Hälfte von ihnen glaubt, dass die bessere Ver-

2.3 Familie und Arbeit im Wandel

Die einzelnen Lebensentwürfe von Männern und Frauen unterliegen einem stetigen Wandel, welcher sich an den individuellen Wertpräferenzen orientiert. Diese haben sich in den letzten Jahren stark verändert. Die Ursache ist einerseits, dass sich das geschlechtsspezifische Arbeitsteilungsmodell[21] allmählich auflöst und andererseits die Frauen aufgrund des gestiegenen Bildungsstatus oder der Vermeidung von Einkommensarmut zunehmend eine Erwerbstätigkeit anstreben[22]. Ein weiterer Aspekt des gesellschaftlichen Wandels ist die Verringerung der Eheschließungsrate und die Steigerung der Scheidungsrate sowie die Zunahme von (familienähnlichen) nichtehelichen Partnerschaften, Alleinerziehenden und Single-Haushalten. Die traditionelle Familienstruktur[23] weicht immer mehr alternativen Lebensformen, bei denen Familie, Kinder und Elternschaft aber immer noch eine sehr hohe Wertschätzung erfahren und ein bedeutungsvolles Lebensziel darstellen[24].

Des Weiteren zeichnet sich eine Erosion des Normalarbeitsverhältnisses[25] ab. Waren 1970 noch etwa 84 % der Beschäftigten in einem solchen Standardarbeitsverhältnis, so ist diese Zahl bis 1995 auf 68 % gesunken. Teilzeitbeschäftigung, geringfügige Beschäftigung, freiberufliche und selbständige Tätigkeiten haben stark zugenommen[26]. Hier wird eine große Flexibilisierung und Mobilität in den Erwerbsbiographien von Männern und Frauen deutlich.

Aus dieser Entwicklung resultiert auch eine hohe Kinderlosigkeit. Betroffen sind vorrangig Akademikerinnen. Von diesen Frauen gibt es einige, die sich Kinder wünschen, aber aufgrund ihrer Karriere und ihres erworbenen Lebensstils bewusst auf Kinder verzichten[27].

---

einbarkeit von Familie und Beruf als wichtiges Instrument für die Personalakquise zu verstehen ist.

21 d.h. Frauen widmen sich dem Lebensbereich Familie und Haushalt und Männer der Erwerbstätigkeit

22 Vgl. Juncke, D. (2005), S. 5

23 Auch Male-Breadwinner-Modell genannt

24 Vgl. Borchardt, A. (2004), S. 51 f.

25 D.h. abhängige, sozialversicherungspflichtige und unbefristete Vollzeitbeschäftigung

26 Vgl. Dombois, R. (1999), S. 14 f.

27 Vgl. Borchardt A., (2004), S. 61 ff.

Ein weiterer wichtiger Aspekt in der Veränderung der Wertpräferenzen ist, dass sich eine neue Rolle für die Väter herauskristallisiert. Männer wollen zunehmend mehr für ihre Familien da sein. So sehen sich mittlerweile mehr Männer als Erzieher der Kinder anstelle ausschließlich als Ernährer der Familie[28]. Dies zeigt, dass die Vereinbarkeitsproblematik nicht nur ein Thema für Frauen, sondern auch für Männer ist.

2.3.1 Frauenerwerbstätigkeit

Die Vereinbarkeit von Familie und Beruf ist vor allem seit der zunehmenden Berufstätigkeit von Frauen ein Problem. Waren noch vor 25 Jahren die Rollen vor allem in der alten BRD klar verteilt, so hat es bis heute eine deutliche Veränderung gegeben. Eine Gleichstellung in der Ausbildung wurde weitgehend anerkannt, aber zum Zeitpunkt der Familiengründung gaben die Frauen oft ihren Ehemännern den Vorrang bei der Erwerbstätigkeit. Auch heute haben die Frauen größtenteils die Verantwortung für die Kindererziehung und die Betreuung von Angehörigen, sie verzichten dafür aber wesentlich weniger auf ihren Beruf. Immer mehr Frauen möchten sowohl ihre Erfüllung im Beruf finden, aber auf Kinder nicht verzichten. Diese Frauen bieten nun zusätzlich ihre Arbeitskraft und Qualifikation auf dem Arbeitsmarkt an.

Im Jahr 2004 betrug die Frauenbeschäftigungsquote in Deutschland 59,2 %, wobei diese in Ostdeutschland bei 73,4 % und in Westdeutschland bei 64,5 % lag[29]. Seit 1980 ist die Arbeitsmarktbeteiligung von Frauen und vor allem auch von Müttern kontinuierlich gestiegen[30]. Das ist besonders auf die zunehmende Teilzeitbeschäftigung[31] zurückzuführen. Frauen und vor allem Mütter wollen ihre Arbeitskraft und ihre Kenntnisse und Fähigkeiten gern auf dem Arbeitsmarkt zur Verfügung stellen, aber nur, wenn sie dies mit der Kindererziehung vereinbaren können. 31,2 % der Frauen und sogar 38,0 % der Mütter (41,0 % West, 23,0 % Ost) arbeiteten 2004 in Teilzeit im Gegensatz zu 4,8 % der Männer[32]. Dabei variiert bei Frauen der Anteil an der Erwerbstätigkeit je nach Anzahl und Alter der Kinder. Je älter die Kinder, desto häufiger arbeitet die Mutter. Die Erwerbstätigkeit

---

28 Vgl. Bittelmeyer, A. (2005), S. 32

29 Vgl. Bundesagentur für Arbeit (2006), S. 4 f.

30 1980 lag die Frauenerwerbsquote lt. Statistischen Bundesamt in der BRD bei 32,6 %

31 Von 1991 zu 2004 stieg die Teilzeitquote bei Frauen von 30,2 % auf 42,1 %. Vgl. Dressel, C. (2005a), S. 122

32 Vgl. Bundesagentur für Arbeit (2006), S. 4 f.

der Männer wird dagegen durch die Geburt eines Kindes kaum beeinflusst. Oft nehmen die Mütter mit dem Eintritt der Kinder in den Kindergarten eine Teilzeittätigkeit auf, die dann wenn die Kinder in die Schule kommen ausgebaut wird. Die Arbeitszeit wird noch einmal erhöht, wenn die Kinder auf weiterführende Schulen gehen. Jedoch geben immer noch 35 % der Mütter von Kleinkindern und 47 % der Mütter von Kindergartenkindern eine schlechte berufliche Perspektive als Hinderungsgrund an, eine Tätigkeit aufzunehmen[33].

Aufgrund des oben erwähnten Fachkräftemangels können die Unternehmen nicht auf diese gut qualifizierten Frauen verzichten. Immer mehr Unternehmen erkennen das Potential der Frauen, dem Fachkräftemangel entgegenzuwirken (siehe Abb. 3).

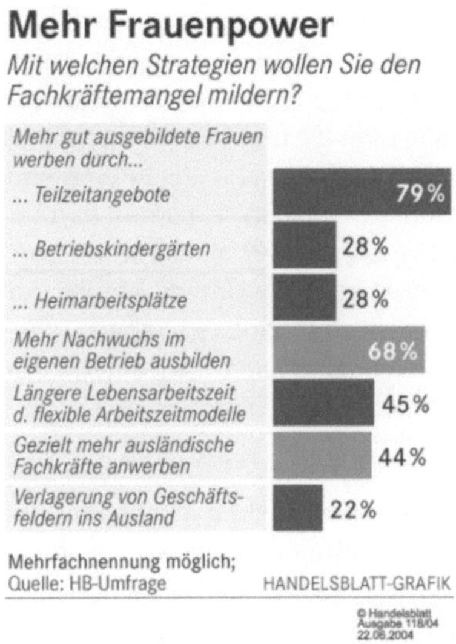

Abb. 3: Strategien gegen Fachkräftemangel[34]

Hier wurden neben den Dax-30-Unternehmen rund 800 börsennotierte Aktiengesellschaften nach ihren Strategien gegen den zunehmenden

[33] Vgl. Casper, S. (2005), S. 5 f.

[34] Schwarz, P. (2004), S. 5

Fachkräftemangel befragt[35]. Hier wird auch deutlich, dass die Unternehmen bei familienfreundlichen Maßnahmen eher an flexible Arbeitszeiten als an organisatorische Maßnahmen denken.

2.3.2 Männer und Familie

Obwohl bereits oben erwähnt wurde, dass Frauen wesentlich mehr Schwierigkeiten bei der Vereinbarkeit von Familie und Beruf haben als Männer, betrifft diese Problematik beide Geschlechter. Oftmals verdienen Männer immer noch mehr als Frauen (durchschnittlich 20 %[36]), allerdings sehen sie sich weitaus weniger in der Ernährerrolle als früher.

Man kann sagen, dass sich die Väterrolle verändert hat. Lediglich 17 % der Väter sehen sich noch in der traditionellen Ernährerrolle und weisen den Frauen die Erziehung und Betreuung der Kinder zu. Dagegen haben 42 % der Männer keine bestimmte Vorstellung von der Väterrolle und 20 % haben eine gleichberechtigte Vorstellung der Arbeitsaufteilung (Berufstätigkeit, Kindererziehung und Haushaltstätigkeiten) von Mann und Frau[37]. Neben einem veränderten Selbstbild der Männer nimmt die Geschlechterrolleneinstellung der Partnerinnen eine nicht unwesentliche Stellung ein. Sind diese ebenfalls egalitär eingestellt, beteiligen sich deren Partner nach der Geburt der Kinder wesentlich mehr an der Kinderbetreuung. Außerdem finden Mütter mehr Gründe, die gegen die Unterbrechung der Berufstätigkeit der Väter während des Erziehungsurlaubs sprechen als die Väter selber[38]. Dies wiederum macht deutlich, dass Familie als ein System anzusehen ist und nicht von Einzelentscheidungen abhängt[39].

Auch für Männer gibt es ein Vereinbarkeitsproblem. So herrscht weitestgehend eine Anwesenheitskultur in den Betrieben, die es für Väter schwierig macht, sich familiär zu engagieren. So wundert es nicht, wenn Studien zeigen, dass trotz einer großen Anzahl an familienfreundlichen Maßnahmen in den Betrieben, diese von Männern kaum in Anspruch ge-

---

35 Vgl. Schwarz, P. (2004), S. 5

36 Vgl. Cornelißen, W. et al. (2005), S. 160

37 Vgl. BMFSFJ (2005), S. 26

38 So gaben 47 % (West) bzw. 49 % (Ost) der Frauen und nur 31 % (West) bzw. 23 % (Ost) der Männer Gründe an, die gegen einen Erziehungsurlaub der Väter sprachen.

39 Vgl. Döge, P. (2007), S. 29

nommen werden[40]. Dagegen steht das Bestreben sich mehr Zeit für die Kinderbetreuung zu nehmen. Trotzdem haben Zeitbudgeterhebungen gezeigt, dass sich Männer nicht wesentlich stärker an unbezahlter[41] Arbeit beteiligen als Anfang der 1990er Jahre. Vergleicht man dagegen das Arbeitskontingent von Vätern und kinderlosen Männern miteinander, so zeigt sich, dass sich Väter nach der Geburt ihrer Kinder beruflich stärker engagieren als kinderlose Männer und sie leisten auch mehr unbezahlte Arbeit als kinderlose Partner. Väter haben demnach weniger Freizeit als Männer ohne Kinder[42]. Anstatt also beruflich kürzer zu treten, nehmen die Väter die erforderlich zusätzliche Zeit aus ihrem Freizeitbudget aus Angst vor beruflichen und gesellschaftlichen Anerkennungsverlusten[43].

Wollen die Unternehmen also väterfreundlicher werden, müssen sie neben dem Angebot an Maßnahmen auch eine Kultur leben, in der Väter (vor allem Führungskräfte) ohne Scheu eine Auszeit für ihre Familie nehmen können.

2.3.3 Kinderwunsch und Kinderlosigkeit

„Es ist heute keine Frage mehr, ob Frauen arbeiten, und es ist auch keine Frage mehr, dass dies ökonomisch sinnvoll ist. Die Frage ist heute, ob unter den derzeitigen gesellschaftlichen Rahmenbedingungen diese Frauen die Kinder überhaupt bekommen wollen, die sie sich wünschen. Diese Grundsatzfrage bewegt im Übrigen genauso die jungen Männer[44]."

Die deutschen Frauen wünschen sich im Durchschnitt statistisch gesehen 1,8 Kinder. Damit nimmt Deutschland neben der niedrigen Geburtenrate auch beim Kinderwunsch einen der hinteren Plätze im europäischen Vergleich ein[45]. Der Wunsch nach Kindern ist neben soziodemographischen

---

40 Vgl. BMFSFJ (2005), S. 28

41 Als unbezahlte Arbeit werden hier die Haus- und Familienarbeit, informelle Hilfen für andere Haushalte, sowie ehrenamtliche Arbeit und die für die unbezahlte Arbeit notwendigen Wegezeiten zusammengefasst.

42 Vgl. Dressel, C. et al. (2005b), S. 316 ff.

43 Vgl. Döge, P. (2007), S. 29

44 Bundesministerin Ursula von der Leyen und Schirmherrin des Programms „Unternehmen Familie" in einer Pressemitteilung vom 20.07.07 zum Start des Programms „Unternehmen Familie" der Robert-Bosch-Stiftung, vgl. Unternehmen Familie, (6)

45 Vgl. BMFSFJ (2005), S. 8

Merkmalen, individuellen Einstellungen und Wertorientierungen auch von gesellschaftlichen Rahmenbedingungen bestimmt. Diese können sowohl kultureller (Kinder sind in der Gesellschaft erwünscht) als auch struktureller Art (z.B. Betreuungsangebote) sein[46]. Statistisch gesehen müssen vor allem folgende Voraussetzungen erfüllt sein

- gesicherte finanzielle Situation
- stabile Partnerschaft
- solide wirtschaftliche Situation
- gute Vereinbarkeit von Familie und Beruf
- kinderfreundliche Infrastruktur[47]

Die Aussicht auf familienfreundliche Maßnahmen im Betrieb kann also bereits den Kinderwunsch beeinflussen. Dieser Tragweite müssen sich Unternehmen bewusst sein. Sie legen auch den Grundstein dafür, dass sich mehr Paare generell für Kinder entscheiden, wenn sie wissen, dass sie weiterhin ihren Beruf ausüben und trotzdem Kinder haben können.

Neben der Kinderwunschproblematik muss man sich auch mit dem zunehmenden Phänomen der bewussten Kinderlosigkeit beschäftigen. Zum einen gibt es Paare, die den Kinderwunsch so lange aufschieben, bis er biologisch nicht mehr erfüllbar wird. Man kann dies vor allem daran erkennen, dass das Alter der Frauen bei der Geburt ihrer Kinder (Gebäralter) in den letzten Jahren stetig angestiegen ist, da immer mehr Frauen den Zeitpunkt der Familiengründung auf ein höheres Alter verlagern[48]. So werden etwa 30 % der Kinder nach dem 30. Lebensjahr geboren[49]. Ungefähr zwei Drittel der kinderlosen Paare haben sich erst spät gegen Kinder entschieden, nachdem sie einen Lebensstil entwickelt haben, den sie nicht mehr aufgeben wollen. Das andere Drittel trifft seine Entscheidung unabhängig vom Partner meist sehr früh. Bei allen Genannten ist aber die Berufsorientierung Hauptgrund für die Kinderlosigkeit. Bei späten Müt-

---

46 Vgl. Klein, D. (2006), S. 28 ff.
47 Vgl. BMFSFJ (2005), S. 8 f.
48 Vgl. Statistisches Bundesamt (2006a), S. 3 f.
49 Vgl. Borchardt, A. (2004), S. 50

tern ist diese allerdings intrinsisch[50] motiviert und bei Nichtmüttern stehen das Geldverdienen und die finanzielle Unabhängigkeit im Vordergrund[51]. Kinderlosigkeit ist aber auch ein Männerproblem. So sind fast 46 % der über zwanzigjährigen Männer, die vollzeitbeschäftigt sind und 50 % der erwerbslosen Männer kinderlos. Der Entschluss nach keinem (weiteren) Kind hat bei Männern aber nicht nur finanzielle Ursachen. Auch Einschränkungen der Interessen und der Freizeit sind wesentliche Gründe gegen Kinder[52].

Unternehmen können einen wichtigen Beitrag leisten, dass wieder mehr Kinder in Deutschland geboren werden und dadurch wieder mehr Nachwuchskräfte heranwachsen. Dies ist zum einen ein familienfreundliches Klima in den Betrieben zu schaffen. Andererseits sollten sie zweckmäßige Maßnahmen anbieten, die es den Eltern vereinfachen, Familie und Arbeit besser zu vereinbaren und die verfügbare Zeit auf diese beiden Lebensbereiche besser aufzuteilen. Nachfolgend wird auf die Bandbreite dieser Maßnahmen eingegangen und auf die Wichtigsten besonders eingegangen.

---

[50] Von intrinsisch motivierten Verhalten spricht man, wenn der Mensch etwas der Sache selbst willen tut, weil es ihm interessant oder herausfordernd erscheint. Vgl. Wolff, B.; Lazear, E.P. (2001), S. 13 f.

[51] Vgl. Borchardt, A. (2004), S. 61 ff.

[52] Vgl. Döge, P. (2007), S. 27 f.

3. Vorstellung der Maßnahmen

Es gibt in der Literatur verschiedene Ansätze familienfreundliche Maßnahmen zu systematisieren. Die Beruf & Familie gGmbH gliedert in acht Handlungsfelder. Diese sind Arbeitzeit, Arbeitsorganisation, Arbeitsort, Informations- und Kommunikationspolitik, Führungskompetenz, Personalentwicklung, Entgeltbestandteile / geldwerte Leistungen und Service für Familien[53]. Das Institut der deutschen Wirtschaft Köln unterscheidet in seinem Unternehmensmonitor Familienfreundlichkeit dagegen nur vier Kategorien. Das sind Arbeitszeitflexibilisierung / Telearbeit, Kinder- und Angehörigenbetreuung, Familienservice / Informations- und Beratungsangebote und Förderung von Eltern bzw. Frauen[54]. Ich möchte mich bei der Einteilung der familienfreundlichen Maßnahmen allerdings eher an der vom Forschungszentrum Familienbewusste Personalpolitik (FFP) der Universität Münster veröffentlichte Studie über betriebswirtschaftliche Effekte familienbewusster Personalpolitik orientieren. Hier werden die verschiedenen Maßnahmen nicht nur inhaltlich geordnet, sondern die zentralen Ansatzpunkte für familienbewusste Personalpolitik in den Vordergrund gerückt[55]. Es wird folgende Kategorisierung vorgeschlagen.

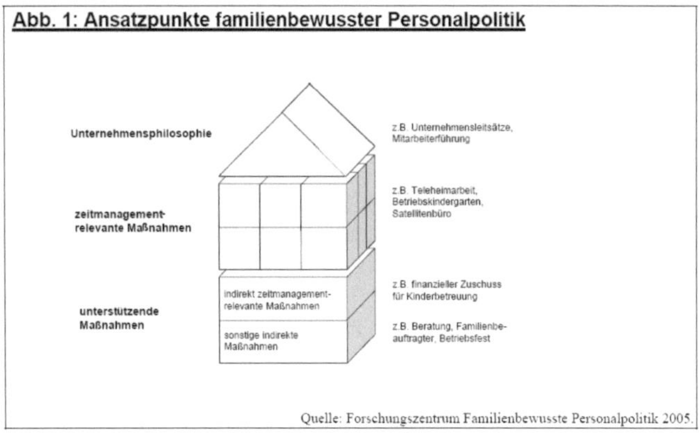

Abb. 4: Gliederung familienfreundlicher Maßnahmen[56]

---

[53] Vgl. Beruf & Familie gGmbH (2007), S. 6 f.

[54] Vgl. BMFSFJ (2006a), S. 8

[55] Vgl. Juncke, D. (2005), S. 9 f.

[56] Juncke, D. (2005), S. 10

Die zentrale Kategorie stellt hier arbeitzeitrelevante Maßnahmen dar, die auf die Lösung des Konkurrenzverhältnisses zwischen Arbeitszeit und Freizeit des Arbeitnehmers um den Faktor Zeit abzielen[57]. Das sind auch diejenigen Maßnahmen, die von den Arbeitnehmern als wichtigstes Handlungsfeld angegeben werden[58] und daher von den Arbeitgebern auch am häufigsten angeboten[59]. Eine Ebene unterhalb der zeitmanagementrelevanten Maßnahmen sind die unterstützenden Maßnahmen aufgeführt, die lediglich einen indirekten Bezug zu dem Zeitkonflikt haben. Über der Zentralebene „Arbeitszeitrelevante Maßnahmen" befindet sich die Kategorie „Unternehmensphilosophie", die zwar nicht sehr greifbar, aber dafür sehr wesentlich für die Familienfreundlichkeit des gesamten Unternehmens ist[60].

Es existiert eine Vielzahl an familienfreundlichen Maßnahmen[61]. Für jedes Unternehmen jeder Branche und Größe gibt es passende Lösungen. Da zur Beschreibung der einzelnen Maßnahmen in der Literatur bereits zahlreiche Ausführungen vorhanden sind[62], werden im Folgenden lediglich die wesentlichen Maßnahmen den verschiedenen Kategorien zugeordnet und diese näher erläutert sowie auf deren betriebswirtschaftliche Effekte näher eingegangen.

3.1 Unternehmensphilosophie

Hauptsächlich sind dieser Kategorie familienbewusste Unternehmensleitsätze und eine Personalführung, die auf Mitarbeiter mit Familienpflichten Rücksicht nimmt zuzuordnen[63]. Die Unternehmen können zwar Leitsätze formulieren, aber eine familienfreundliche Unternehmensphilosophie hängt von weiteren Faktoren ab. Sie muss von jeder Führungskraft verinnerlicht werden. Nur so können die zahlreichen Maßnahmen auch wirklich sinnvoll umgesetzt werden. Es ist wichtig, dass nicht eine hohe An-

---

57 Vgl. Juncke, D. (2005), S. 10

58 35,6% der Frauen und 27,7% der Männer gaben das in der Arbeitnehmner(innen)befragung „Familiefreundlicher Betrieb" des BMFSFJ im Jahr 2003 an.

59 88,9% der Unternehmen bieten laut Unternehmensmonitor Familienfreundlichkeit 2006 des BMFSFJ eine Form von Arbeitszeitflexibilisierung und/oder Telearbeit an

60 Vgl. Juncke, D. (2005), S. 10

61 Siehe Anlage 1

62 Ganz ausführlich werden sie von der Beruf & Familie gGmbH sowie dem Bundesministerium für Familie, Senioren, Frauen und Jugend beschrieben.

63 Vgl. Juncke, D. (2005), S. 10

zahl von Maßnahmen zur Familienfreundlichkeit eines Unternehmens beiträgt, sondern die damit verbunden Wirkungen.

Zur Veranschaulichung dient ein Blick in die Praxis, den die Frauen Botsch, Lindecke und Wagner in ihrem Beitrag „Familienfreundlicher Betrieb" gewagt haben. Hier werden auf der Grundlage von Fallstudien drei unterschiedliche Handlungsmuster unterschieden, an denen das Leitbild des jeweiligen Unternehmens deutlich wird.

Beim ersten Idealtyp wird die Vereinbarkeit von Familie und Beruf als Privatsache der Arbeitnehmer bewertet und Familienfreundlichkeit im Unternehmen wird als Bonus angesehen. In Betrieben dieses Typs wird das Normalarbeitsverhältnis als Orientierung für alle Beschäftigten herangezogen. Gibt es eine familienfreundliche Unterstützung, dann ist das grundsätzlich eine Einzelfalllösung und wird entweder geduldet, wenn es betriebswirtschaftlich vertretbar ist oder gar als Bonus für ausgewählte Mitarbeiter gewährt, der dann allerdings nicht eingefordert werden kann. Familienfreundlichkeit ist kein Thema der Betriebspolitik und wird im Wesentlichen nur zur Imagepflege aufgegriffen. Werden Maßnahmen umgesetzt, dann sind es vorwiegend punktuelle Angebote wie Familienfeiern, Betriebsausflüge oder Beratungsangebote, die den Beschäftigten die Vereinbarkeit von Familie und Beruf nicht sonderlich erleichtern. Die Motivation der Betriebe dieses Typs ist die Instrumentalisierung für unternehmerische Zwecke[64].

Betriebe des zweiten Idealtyps ermöglichen Familienfreundlichkeit durch kompensatorische Maßnahmen. Wie auch beim ersten Typus wird hier die Vereinbarkeit von Familie und Beruf als individuelles Problem von Frauen wahrgenommen. Allerdings wird hier der Zeitkonflikt zwischen Arbeitszeit und Familienzeit erkannt und daher einzelfallbezogene entlastende Lösungen und Maßnahmen angeboten. Wie auch beim ersten Typ wird dieses Entgegenkommen als Abweichung von der Norm gewertet und dadurch entstehende Benachteiligungen vor allem im Bezug auf die Karrierechancen der betroffenen Mitarbeiter nicht wahrgenommen. Als vollwertige und engagierte Beschäftigte werden diejenigen angesehen, die sich ohne ablenkende Familienaufgaben dem Unternehmen widmen. Neben der Fürsorge für die Beschäftigten spielt die Imagepflege für diese

---

[64] Vgl. Botsch, E. (2006), S. 487 f.

Betriebe eine besonders wichtige Rolle bei der Einführung von familienfreundlichen Maßnahmen[65]. Bei diesem Typus besteht auch die Gefahr, dass bereits existierende Maßnahmen wie z. B. Teilzeitangebote als familienfreundlich deklariert werden, um beispielsweise ein Audit zu bekommen und damit seine Außenwirkung positiv zu beeinflussen. Die Auditierung muss daher ein kontinuierlicher Prozess sein, der keine Momentaufnahme darstellt.

Der dritte Idealtyp stellt die wünschenswerte Aufnahme des Themas Familienfreundlichkeit in die Unternehmensphilosophie dar. Die Motivation der entsprechenden Betriebe ist die Lösung eines gesellschaftlichen Problems. Vereinbarkeit von Familie und Beruf ist in diesen Unternehmen auch ein Problem der Gleichstellung zwischen Mann und Frau. Familienfreundliche Maßnahmen sind daher eng an Frauenförderungsmaßnahmen gebunden, um der strukturellen und durch die traditionelle Rollenverteilung verursachten Benachteiligung von Frauen entgegenzuwirken. Es werden nicht nur kommunizierte Bedarfe gedeckt, sondern die bisherigen Praktiken hinterfragt und neue Organisationsmodelle entwickelt. Das Potential von Beschäftigten mit Pflegeaufgaben wird aufgegriffen und mit hohem Nutzen in die betrieblichen Abläufe integriert. Der Imagegewinn wird für diese Unternehmen eher als störend, weil vom eigentlichen Ziel ablenkend empfunden[66].

An diesen drei Idealtypen kann man deutlich die Wichtigkeit der Verinnerlichung von Familienfreundlichkeit in den Köpfen der Führungsriege erkennen. Nicht nur die bloße Existenz von familienfreundlichen Leitlinien in eine Unternehmensphilosophie ist entscheidend, sondern die Erkenntnis, dass das Unternehmen einen Nutzen davon hat.

3.2 Arbeitszeitrelevante Maßnahmen

Diese Maßnahmen sollen vor allen Dingen das Hauptproblem für eine bessere Vereinbarkeit von Familie und Beruf lösen - das Konkurrenzverhältnis um die Ressource Zeit. Arbeitnehmer und Arbeitgeber möchten nämlich über diese Zeit gemäß ihren eigenen Präferenzen verfügen. So muss eine familienbewusste Personalpolitik alle freiwilligen Regelungen

---

65 Vgl. Botsch, E. (2006), S. 488
66 Vgl. Botsch, E. (2006), S. 488

im Unternehmen umfassen, die getroffen werden, „um die Kombination der Lebensbereiche Beruf und Familie zu ermöglichen oder zu fördern"[67].

Die zeitmanagementrelevanten Maßnahmen sind daher wie bereits weiter oben erwähnt die am häufigsten nachgefragten bzw. angebotenen. Solche Maßnahmen können z. B. alle Formen von flexiblen Arbeitszeiten sein.

3.2.1 Gleitende Arbeitszeit

Unter dem Stichwort flexible Arbeitszeiten fallen beispielsweise verschiedene Gleitzeit- und Vertrauensarbeitzeitmodelle. Eine gleitende Arbeitszeit bedeutet eine eigenständige Bestimmung des Beginns und dem Ende der täglichen Arbeitszeit unter Berücksichtigung von Kernarbeitszeiten, die die Unternehmensleitung festlegt. Diese Form der Arbeitszeitgestaltung bietet den Mitarbeitern die Möglichkeit, ihre privaten Termine besser in den Tagesablauf zu integrieren. Dies ist eine sehr einfache, schnell umzusetzende und wenn ohne Zeiterfassungssystem kontrolliert, dann auch kostengünstige, aber vor allem wirkungsvolle Maßnahme[68].

3.2.2 Teilzeitarbeit

Als weitere wichtige Maßnahmen in dieser Kategorie ist die Teilzeitarbeit zu nennen. Es gibt zahlreiche Möglichkeiten einer Teilzeitbeschäftigung[69], die die Unternehmen bereits auf freiwilliger Basis vereinbart haben. Am 1. Januar 2001 trat das neue Teilzeit- und Befristungsgesetz (TzBfG) in Kraft und löste das bisherige Beschäftigungsförderungsgesetz (BeschFG) ab. Dieses Gesetz soll dazu beitragen, eine Balance zwischen dem gestiegenen Flexibilitätsinteresse der Mitarbeiter und dem Unternehmen zu schaffen. Es regelt die Gestaltungsmöglichkeiten von Teilzeitbeschäftigung und legt dabei allgemeinverbindliche Mindeststandards fest. Außerdem wird mit dem TzBfG der Aufgabenkatalog von Betriebs- und Personalräten um die Förderung von Teilzeitarbeit und Vereinbarkeit erweitert[70]. Für die Unternehmen gibt es zahlreiche Vorteile, Teilzeitbeschäftigung zu ermöglichen. Darunter fällt z.B. die Förderung

---

67 Vgl. Juncke, D. (2005), S. 8

68 Vgl. Beiten, M. (2006), S. 30 f.

69 Flexible Tages- und Wochenarbeitszeit, Job-Sharing, flexible Jahres- und Lebensarbeitszeit, Sabbaticals sind gem. Unternehmensmonitor 2006 gängige Teilzeitmodelle

70 Vgl. Maschke, M. (2006), S. 47

des beruflichen Wiedereinstiegs nach der Geburt eines Kindes, denn dadurch werden Abwesenheitszeiten verkürzt und Rekrutierungs- und Qualifizierungskosten gesenkt[71]. Die wesentlichen Vorteile der Teilzeitbeschäftigung sind beispielsweise in der freiwilligen Betriebsvereinbarung über Teilzeit der Daimler AG aufgezählt:

- Steigerung der Mitarbeitermotivation
- Steigerung der Flexibilität der Beschäftigten und des Unternehmens
- Erhalt von Know-how für Beschäftigte und Unternehmen
- Steigerung der Attraktivität als Arbeitgeber nach innen und außen
- Verbesserung der Wettbewerbsfähigkeit[72]

Auch diese Maßnahme ist kostengünstig und leicht umsetzbar, da nur wenig Personalaufwand für die Beratung und Vereinbarung anfällt. Es können durch eine höhere Mitarbeiteranzahl zwar Mehrkosten entstehen, diesen stehen jedoch oben genannte Vorteile gegenüber. Auf die genauen Kostenersparnisse werde ich später zurückkommen. Teilzeit ist eine weit verbreitete familienfreundliche Maßnahme. Handlungsbedarf besteht allerdings noch bei der Gleichberechtigung von Teilzeit- und Vollzeitkräften, vor allem bei Weiterbildung und Karrierechancen von Teilzeitbeschäftigten. Obwohl dies ebenfalls im TzBfG und verschiedenen Betriebsvereinbarungen geregelt ist, sieht das Bild in der Praxis etwas anders aus[73].

3.2.3 Telearbeit

Weitere wichtige Maßnahmen sind solche, die die verschiedenen Modelle der Arbeitsorganisation berücksichtigen. Hier ist neben verschiedenen Freistellungsmöglichkeiten[74] und der Berücksichtigung von Familiener-

---

71 Vgl. BMFSFJ (2007b), S. 11

72 BMFSFJ (2007b), S. 35

73 So sind z.B. Aufstiegschancen für Teilzeitbeschäftigte begrenzt. Ebenso ist eine Rückkehr in eine Vollzeitstelle eher schwierig. Vgl. N24, (3). Außerdem wird unter den Betroffenen oft von Verlegung der Arbeitszeit in die späten Nachmittagsstunden (in denen keine institutionelle Kinderbetreuung mehr möglich ist) sowie Ausnutzung der Unkenntnis über die Beantragungsfristen berichtet. Vgl. Hoffinger, I. (2008), S. 118

74 Siehe Anhang 1: Handlungsfeld 1 und 3

fordernissen bei der Personaleinsatzplanung besonders die Telearbeit hervorzuheben. Ein Telearbeitsplatz ist eine Arbeitsstätte die außerhalb des Betriebs, meist bei dem Mitarbeiter zu Hause eingerichtet wird, um die Arbeitsaufgaben zu erbringen. Das kann entweder ganz zu Hause geschehen oder alternierend[75]. Dieses Modell bietet sich sowohl bei langen Anfahrtswegen aber auch bei der Betreuung von größeren Kindern zu Hause an. Außerdem fördert es einen schnelleren Wiedereinstieg in den Beruf. Die Kosten für einen Telearbeitsplatz halten sich in Grenzen, da die Geräte nach Beendigung der Telearbeit weitergenutzt werden können. Sie gehen dann wieder in den körperlichen Besitz des Unternehmens über und können bei Bedarf an den nächsten Mitarbeiter weitergegeben werden. Dadurch reduzieren sich die Anschaffungskosten, auf einen erneuten Kauf kann verzichtet werden.

3.3 Unterstützende Maßnahmen

Ein großer Teil der familienfreundlichen Maßnahmen fällt in diese Kategorie. Sie lösen zwar nicht den zeitmanagementrelevanten Konflikt im Kern, tragen aber dafür umso mehr für eine bessere Vereinbarkeit von Familie und Beruf bei, weil sie auf anderen Gebieten große Hilfen für die Familien darstellen. Es sind zum einen Maßnahmen, die Mitarbeiter mit Betreuungsaufgaben finanziell entlasten sollen, zum anderen aber auch Maßnahmen, die mit wenig Aufwand große Erleichterungen für diejenigen Beschäftigten bedeuten. Das wiederum fördert ein angenehmes Betriebsklima und dadurch weniger Ausfallzeiten und eine höhere Motivation.

3.3.1 Finanzielle Unterstützung

In diesem Bereich sind vor allem die zahlreichen Angebote für finanzielle Zuschüsse und Boni[76] genannt. Diese Maßnahmen eignen sich besonders für eine positive Außenwirkung und damit für eine bessere Personalbeschaffung und -bindung. Sie sind neben den tatsächlichen Kosten mit keinem höheren Personalaufwand verbunden. Die finanzielle Unterstützung kann dabei unterschiedlich hoch sein[77].

---

[75] D.h. zwischen Home Office und Arbeitsplatz im Betrieb wechselnd.

[76] z.B. Kinderbonusgeld, Geburtsbeihilfe, Essenskostenzuschuss, Einmalzahlungen; weitere Ausführungen dazu in der Anlage 1: Handlungsfeld 7

[77] Vgl. Beiten, M.(2006), S. 68 ff.

Freiwillige Sozialleistungen und Geldleistungen werden von den Beschäftigten auch am zweithäufigsten nachgefragt[78]. Sie leisten also einen wesentlichen Beitrag zur besseren Vereinbarkeit von Familie und Beruf. Die Unternehmen sollten sich aber, um das Hauptproblem der Vereinbarkeit, also den zeitmanagementrelevanten Konflikt zu lösen, nicht hauptsächlich auf die finanzielle Unterstützung konzentrieren, sondern vielmehr arbeitszeitrelevante Maßnahmen im Unternehmen einführen. Diese bringen auch wesentlich mehr Kostenersparnisse mit sich.

3.3.2 Service für Familien

Unter Service für Familien verbirgt sich ebenfalls eine große Anzahl von familienfreundlichen Maßnahmen wie beispielsweise Beratungs- und Vermittlungsangebote für Kinderbetreuungseinrichtungen und Tagesmütter, Eltern-Kind-Arbeitszimmer, Spielbereich[79]. Der viel diskutierte Betriebskindergarten fällt zwar auch in diesen Bereich, wird aber von den Beschäftigten nicht so häufig nachgefragt. Der hohe Aufwand lohnt sich auch erst für sehr große Unternehmen. Betrieblich unterstützte Kinderbetreuung ist viel facettenreicher, als die meisten Unternehmen glauben. Es gibt zahlreiche Modelle, die wesentlich besser auf die Bedürfnisse des Unternehmens zugeschnitten sind.

In Deutschland sind die Führungskräfte oft der Meinung, dass Kinderbetreuung eine Angelegenheit ist, die der Staat organisieren und umsetzen muss. Ein internationaler Vergleich macht aber deutlich, dass Deutschland in Bezug auf die Betreuung von unter Dreijährigen Kindern ein Schlusslicht bildet[80]. Auch die Unternehmen haben Vorteile davon, wenn sie sich für die Kinderbetreuung ihrer Beschäftigten einsetzen. Betreuungslücken, Engpässe und Notfälle wirken sich negativ auf die Produktivität der Mitarbeiter aus. Ist die Betreuung dagegen gesichert, haben die Mitarbeiter den Kopf frei, können sich besser konzentrieren, kommen pünktlicher und bleiben gern auch mal länger[81].

---

78 17% der Befragten gaben gem. Arbeitnehmner(innen)befragung „Familiefreundlicher Betrieb“ des BMFSFJ aus dem Jahr 2003 „Finanzielle Unterstützung“ als wichtigsten Handlungsbereich an.

79 Siehe Anlage 1

80 Vgl. Flüter-Hoffmann, C. et al. (2003), S. 37

81 Vgl. BMFSFJ (2006b), S. 6f.

Sogar für kleine und mittlere Unternehmen bieten sich ein Vielzahl von betrieblichen Maßnahmen zur Kinderbetreuung an. So ist z.B. eine kostenlose Maßnahme, dass die Eltern ihre Kinder im Notfall (übliche Betreuung fällt aus, ungeplanter Arbeitseinsatz, etc.) mit in die Firma bringen dürfen. Dabei spielt aber das Alter der Kinder und die Sicherheit des Arbeitsplatzes eine Rolle. Erfahrungen zeigen allerdings, dass Eltern sehr gut einschätzen können, inwieweit sie den Kollegen und Kindern eine solche Notfallbetreuung zumuten können. Eine weitere kostengünstige Maßnahme ist ein Vermittlungsservice für Betreuungsmöglichkeiten in der Nähe des Betriebes. Ist das Unternehmen gewillt, mehr Geld in die Kinderbetreuung seiner Mitarbeiter zu investieren, bieten sich verschieden Zuschüsse (diese können unter bestimmten Umständen auch steuer- und sozialversicherungsfrei sein) zu gewähren. Es bietet sich an, an dieser Stelle mit anderen benachbarten Unternehmen zu kooperieren. So können auch Belegplätze in Kindergärten in der Region für Mitarbeiter freigehalten werden. Diese garantieren die Betreuung und gewährleisten Öffnungszeiten, die den Erfordernissen des Betriebs angepasst sind[82].

Das sind einige Beispiele, bei denen der Betrieb mit relativ wenig finanziellem Engagement einen großen Beitrag für die Sicherstellung der Betreuung von Mitarbeiterkindern leisten kann. Die positiven Effekte werden sich nach kurzer Zeit abzeichnen.

Eigene Kinderbetreuungsplätze haben den Vorteil, dass sie wesentlich besser an die Arbeitsorganisation des Betriebs angepasst sind als bestehende Angebote in der Region. Diese können z.B. nicht die notwendigen Öffnungszeiten, sowie die gewünschte Qualität bieten. Oft fehlt es auch schlicht an Betreuungsplätzen, vor allem für Kinder unter drei Jahre. Handelt es sich um einen Bedarf an maximal fünf Betreuungsplätzen, kommt die Unterbringung bei einer Tagesmutter in der Nähe der Firma in Frage. Die Form der Betreuung ist kostengünstig, relativ zuverlässig und vor allem sehr hochwertig. Die Kosten für eine Tagesmutter können vom Unternehmen allein getragen werden, aber auch durch einen Anteil von den Eltern mitfinanziert werden. Sollen zwischen fünf und 15 Kinder betreut werden, kann das in einer so genannten „Minikita" erfolgen. Dafür können Räumlichkeiten auf dem Firmengelände genutzt oder Räume in der Umgebung angemietet werden. Außerdem muss mindestens eine Betreuungsperson mit erzieherischer Ausbildung eingestellt werden. Ko-

---

82 Vgl. BMFSFJ (2006b), S. 10 ff.

operiert das Unternehmen mit einem Träger, der in der Kinderbetreuung erfahren und ausgewiesen ist, lässt sich leicht der Organisationsaufwand reduzieren. Des Weiteren kann dieser bei der Auseinandersetzung mit Behörden unterstützen. Besteht in der Firma ein Bedarf an mindestens 15 zu betreuenden Kindern, lohnt sich bereits die Einrichtung einer Betriebskindertagesstätte. Auch hier ist die Zusammenarbeit mit einem privaten Träger von großem Vorteil. Die Kosten für einen Betriebskindergarten sind vollständig steuerlich absetzbar und außerdem können öffentliche Zuschüsse bei der Kommune oder dem Bundesland beantragt werden. Es muss an dieser Stelle allerdings darauf geachtet werden, dass zahlreiche Auflagen erfüllt werden müssen. Deshalb ist es sinnvoll, sich frühzeitig mit dem ansässigen Jugendamt in Verbindung zu setzen, um gemeinsam die Betriebskindertagesstätte gemäß deren Vorgaben aufzubauen. Als Ausgleich für einen schwankenden Bedarf an Betreuungsplätzen kann mit der Kommune vereinbart werden, dass auch Kinder aus der Nachbarschaft aufgenommen werden können[83].

Wie man sieht, gibt es eine große Auswahl an familienfreundlichen Maßnahmen, aus denen sich die Unternehmen diejenigen heraussuchen können, die ihren Bedürfnisse und Anforderungen am besten gerecht werden. In der derzeitigen schwierigen wirtschaftlichen Lage werden eher betriebswirtschaftliche Betrachtungen herangezogen, um eine Maßnahme zu bewerten. Erst dann wird beurteilt, ob diese Maßnahme im Unternehmen Einzug findet. Im nächsten Abschnitt wird besonders auf diese Thematik eingegangen.

---

83 Vgl. BMFSFJ (2006b), S. 28 ff.

4. Betriebswirtschaftliche Betrachtung

Die Wirkungen einer familienfreundlichen Personalpolitik sind den Unternehmen weitestgehend bekannt:

- Steigerung der Wettbewerbsfähigkeit des Unternehmens
- Steigerung der Motivation und Zufriedenheit der Beschäftigten
- Effizienzsteigerungen
- Reduktion der Stressbelastung
- Senkung von Fehlzeiten und Krankenstand
- Verringerung der Fluktuation mit den Effekten des Humankapitalerhalts und der Reduzierung des Aufwands zur Wiederbesetzung
- Erhöhung der Rückkehrquote und Senkung der Abwesenheitsdauer nach Mutterschutz
- verbessertes Personalmarketing
- verbessertes Unternehmensimage
- Marketingeffekte für den Produktabsatz[84]

Die Gewichtung der bedeutendsten Wirkungen spiegelt sich auch in den Aussagen der Arbeitgeber über ihre Motive für den Einsatz familienfreundlicher Maßnahmen wieder:

---

[84] BMFSFJ (2006 b), S. 11

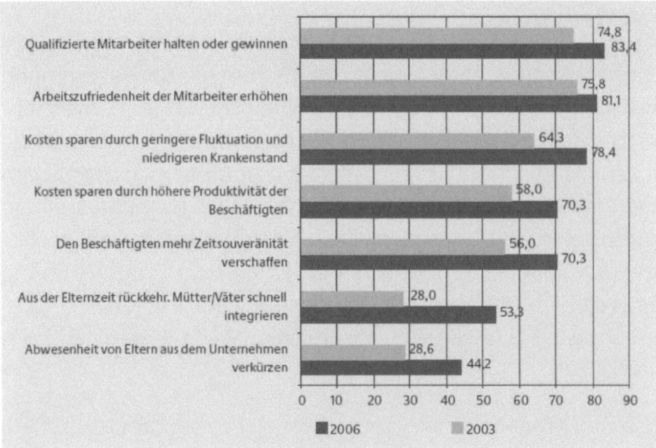

Abb. 5: Motive für den Einsatz familienfreundlicher Maßnahmen[85]

Haben Unternehmen die Notwendigkeit der Einführung von familiefreundlichen Maßnahmen für den dauerhaften Fortbestand des Betriebs erkannt, fehlt es allerdings oft an einer betriebswirtschaftlichen Kalkulation.

Es gibt im Controlling und damit auch im Personalcontrolling[86] eine Vielzahl von Instrumenten, um die Wirtschaftlichkeit von bestimmten Maßnahmen herauszustellen. Für familienfreundliche Maßnahmen wurde bisher nur eine allgemeingültige Kosten-Nutzen-Analyse der Prognos AG zusammengestellt. In dieser Arbeit sollen neben der Zusammenfassung der Erkenntnisse aus den bisher veröffentlichten Studien weitere mögliche Controlling-Tools auf ihre Anwendungsmöglichkeit bei der betriebswirtschaftlichen Betrachtung der familienfreundlichen Maßnahmen seitens der Unternehmen geprüft werden.

85 BMFSFJ (2006a), S. 19

86 Personalcontrolling ist das planungs- und kontrollgestützte, integrative Evaluationsdenken und –rechnen zur Abschätzung von Entscheidungen im Personalmanagement, insbesondere zu deren ökonomischen und sozialen Folgen. Vgl. Wunderer, R. et al. (2006), S. 14. Auf weitere Ausführungen über Aufgaben, Funktionen und Instrumenten des Personalcontrollings wird aufgrund des begrenzten Umfangs der vorliegenden Arbeit verzichtet.

4.1 Kosten-Nutzen-Analyse

Die Kosten-Nutzen-Analyse ist ein wichtiges Instrument zur Bestimmung der betriebwirtschaftlichen Effekte von familienfreundlichen Maßnahmen. Es ist auch eines der wenigen Controllingwerkzeuge, die bisher genutzt wurden, um fundierte Aussagen über den betriebswirtschaftlichen Nutzen und die entstehenden Kosten zu machen. Die Gegenüberstellung von Einsparpotentialen und Nutzen wird als Kosten-Nutzen-Analyse bezeichnet[87]. Als wichtigster Forschungsbeitrag ist hier die Prognos-Studie aus dem Jahr 2003 im Auftrag des Bundesfamilienministeriums „Betriebswirtschaftliche Effekte familienfreundlicher Maßnahmen" zu nennen.

In dieser Studie wurden auf Grundlage von Daten aus dem Personalcontrolling von zehn deutschen Unternehmen die Einsparpotentiale von familienfreundlichen Maßnahmen herausgestellt und von den entstandenen Kosten abgezogen. Während die Kosten relativ einfach gewonnen werden konnten, gestaltete sich die Quantifizierung der Maßnahmewirkungen in Geldeinheiten eher schwierig. Durch quantitative Befragungen über Kennzahlen[88] und Schätzungen der Personalverantwortlichen für Bereiche, in denen keine Kennzahlen vorlagen, konnten die Einsparpotentiale aber dennoch ermittelt werden. Diese Vorgehensweise gewährleistete dann die Validität und Belastbarkeit der Daten[89].

Auf Grundlage der ermittelten Kosten und Einsparungen erstellt die Prognos AG in ihrer Studie eine Modellrechnung für die fiktive Familien GmbH. Dabei werden die Zahlen in drei Szenarien erstellt. Vergleichsmaßstab bildet das Basisszenario, welches die Familien GmbH ohne familienfreundliche Maßnahmen darstellt. Real- und Optimalszenario unterscheiden sich in Bezug auf die Höhe der Einsparungen, die aus der Einführung der familienfreundlichen Maßnahmen resultieren. Die rechnerisch maximal erzielbaren Einsparungen werden im Optimalszenario erzielt,

---

[87] Vgl. Juncke, D. (2005), S. 41

[88] Spezifische Kennzahlen zur Elternzeit (Zahl der Abgänge pro Jahr, Dauer der Elternzeit, Fluktuations- und Verbleibsquoten) und die Erfassung von Fehlzeiten (für eine definierte Elterngruppe oder getrennt nach Voll- und Teilzeitbeschäftigten) wurden teilweise erstmals systematisch erfasst und sogar nur in Ausnahmefällen möglich.

[89] Vgl. Juncke, D. (2005), S. 41

das Realszenario orientiert sich am Einsparungsumfang der an der Studie teilnehmenden Unternehmen[90].

Eine weitere relevante Kosten-Nutzen-Betrachtung hat die Commerzbank AG veröffentlicht. Sie hat zusammen mit der FAIF Frankfurter Agentur für Innovation und Forschung Prack & Seehausen eine Evaluationsstudie über ihre Kinderbetreuung in Notfällen namens „Kids & Co." herausgegeben. Nach qualitativen und quantitativen Befragungen der Beschäftigten, die dieses unternehmensinterne Programm nutzten, konnte man fundierte Aussagen über die Inanspruchnahme der Betreuungseinrichtung, die Erfahrungen und Zufriedenheit mit dem Angebot und die Auswirkungen in der Familie und im Unternehmen machen[91].

4.1.1 Einsparpotenziale

Als Einsparpotentiale werden in der Prognos-Studie folgende Kosten genannt, die durch familienfreundliche Maßnahmen gesenkt oder vermieden werden können:

- Wiederbeschaffungs- bzw. Fluktuationskosten (durch die familienbedingte Fluktuation von Mitarbeitern entstehen Wiederbeschaffungskosten für die Einstellung gleich qualifizierter Ersatzkräfte
- Wiedereingliederungskosten (Kosten für den Wiedereinstieg nach der Elternzeit)
- Überbrückungskosten (Kosten für die Überbrückung der Elternzeitphase)
- Kosten für Fehlzeiten (aufgrund von zusätzlichen Belastungen durch Familienaufgaben während der Erwerbstätigkeit)[92]

Für Handwerksbetriebe ist die Minderleistung der Ersatzkräfte, die eingespart wird, ein wesentlicher Nutzen. Die Ersatzkräfte sind möglicherweise nicht so gut eingearbeitet wie die eigenen Mitarbeiter und können daher die Arbeit nicht in der gleichen Zeit vollbringen. Außerdem haben einige Handwerker festgestellt, dass Teilzeitbeschäftigte bis zu 15 % effektiver arbeiten als Vollzeitkräfte, da sie sich ihre Zeit viel besser einteilen. Die

---

90 Vgl. BMFSFJ (2006c), S.29 ff.

91 Vgl. Commerzbank/Seehausen, H. (2000), S. 5 ff.

92 Vgl. BMFSFJ (2006c), S. 14

Besetzung einer Vollzeitstelle mit einer Teilzeitkraft kann daher bis zu 14.000 € Mehrleistung pro Jahr betragen[93].

Diese vier genannten wesentlichen Einsparpotentiale decken sich auch mit den wenigen anderen Analysen, die zu dem Thema veröffentlicht sind[94]. Meist wird die Prognos-Studie als eine der einzigen wissenschaftlichen Arbeiten zu diesem Thema als Orientierung genommen.

4.1.1.1 Wiederbeschaffungskosten

Ein familienunfreundliches Umfeld sorgt dafür, dass die erwerbstätigen Frauen für die maximale Dauer der Elternzeit von drei Jahren[95] nach der Geburt des Kindes nicht wieder an ihren Arbeitsplatz zurückkehren. Das sind in Westdeutschland bis zu 40 % der Frauen. Durch diese familienbedingte Fluktuation entsteht neben dem Problem des kontinuierlichen Verlustes betriebsspezifischen Wissens ein erheblicher Aufwand für die Wiederbeschaffung des Personals. Weitere Aufwendungen entstehen, wenn eine Stelle so lange unbesetzt bleibt, bis der benötigte Ersatz gefunden ist[96]. Es fallen zusätzlich folgende Kosten an, die in der Prognos-Studie benannt werden:

Wiederbeschaffungskosten	
Kostenposition	**Bestandteile**
Kosten der unbesetzten Stelle	Kosten z.B. für Produktivitätsausfälle durch fehlende Markt- und Kundenbetreuung
Anwerbungskosten	Kosten für Annoncen, Anwerbeprämien, Personalberater, Personalwerbeveranstaltungen, Absolventenmessen etc.
Auswahlkosten	Kosten der Auswahl- und Einstellungsgespräche (Betriebsleitung, Personalbüro, Fachvorgesetzte, Betriebsrat, Personalberater/Psychologen etc.), Assessment-Center, Einstellungsuntersuchung, Spesen/Fahrtkosten der Bewerber, Kommunikationskosten etc.
Einstellungskosten	Stammdatenerhebung, Umzugskosten, Einrichtung des Arbeitsplatzes
Aus- und Fortbildungskosten	Kosten für interne oder externe Ausbildungen/Seminare/Fortbildungen
Einarbeitungskosten	Höhere Informations-/Kontrollkosten für Vorgesetzte, Kolleginnen und Kollegen, Kosten für „Training on the Job"
Minderleistungen bei Einarbeitung	Kosten aufgrund geringerer Produktivität und hoher Fehlerquote, erhöhter Unfallgefahr, Kosten für fehlendes Know-how, verlorene Geschäftskontakte

Abb. 6: Bestandteile der Wiederbeschaffungskosten[97]

---

93 Vgl. BMFSFJ (2006d), S. 32 ff.

94 Z.B. die Evaluationsstudie der Commerzbank für ihre Notfallkinderbetreuung „Kids & Co."

95 BErzGG § 15 (2), Anspruch auf Elternzeit

96 Vgl. BMFSFJ (2006c), S. 14 f.

97 BMFSFJ (2006c), S. 15

Diese werden dann aufgrund von durchschnittlichen Daten aus den zehn untersuchten Unternehmen bewertet. Die Wiederbeschaffungskosten sind neben der Größe und Branche des Unternehmens auch in hohem Maße von der erforderlichen Qualifikation der gesuchten Person und der Anforderung an die Stelle abhängig. Die Kosten der Einarbeitung und Minderleistung stehen in Abhängigkeit mit den Kosten der Aufwendungen für Suche und Auswahl. Hier gilt die Annahme: Je intensiver die Suche, Auswahl und Fort- und Weiterbildung der Ersatzkräfte, desto geringer der Aufwand für die Einarbeitung und die Minderleistung. Die Prognos AG hat daraus für die verschiedenen Einkommensklassen folgende Beispielswerte ermittelt[98]:

Wiederbeschaffungskosten einer Stelle	untere EK	mittlere EK	obere EK
Kosten der unbesetzten Stelle	900 €	3.600 €	10.800 €
Anwerbungskosten	1.800 €	5.500 €	10.500 €
Auswahlkosten	1.200 €	2.400 €	3.900 €
Einstellungskosten	800 €	1.300 €	1.900 €
Aus- und Fortbildungskosten	800 €	1.800 €	3.700 €
Einarbeitungskosten	2.800 €	6.000 €	7.600 €
Minderleistungen bei Einarbeitung	1.200 €	2.600 €	4.800 €
Summe Wiederbeschaffungskosten	9.500 €	23.200 €	43.200 €
Wiederbesetzungsdauer in Monaten	1,0	2,3	4,0

Abb. 7: Wiederbeschaffungskosten für externe Beschäftigte[99]

Ein anderer Ansatz ist, die Wiederbeschaffungskosten aufgrund einer weit verbreiteten Faustformel zu berechnen:

---

98 Vgl. BMFSFJ (2006c), S. 14 ff.

99 Entnommen aus BMFSFJ (2006c), S. 15

Hoch qualifizierte Mitarbeiter:	Jahresgehalt x 1,5
Gering qualifizierte Mitarbeiter:	Jahresgehalt x 0,75

Dies ergibt ein weitaus höheres Potential an Einsparungen.

Weitere Ersparnisse bis zu 20 % der Wiederbeschaffungskosten ergeben sich, wenn das Unternehmen durch ein familienfreundliches Angebot an Arbeitsplätzen seine Attraktivität und sein Image verbessert, sodass besser qualifizierte Bewerber ihre Arbeitskraft zur Verfügung stellen. Werden diese dann befristet eingestellt und kehrt der Mitarbeiter doch nach drei Jahren aus der Elternzeit zurück, werden die befristeten Beschäftigten in 75 % der Fälle übernommen und stehen dem Unternehmen für andere Einsätze zur Verfügung[100].

4.1.1.2 Wiedereingliederungskosten

Durch eine längere Auszeit gehen bei den Mitarbeitern Arbeitsroutinen und betriebliches sowie fachliches Wissen verloren, da sich in der Zwischenzeit die Anforderungen aufgrund der wirtschaftlichen Entwicklung wesentlich verändert haben. Dieser Umstand führt dazu, dass dem Unternehmen hohe Kosten für Qualifizierung und Einarbeitung entstehen. Werden die vollen 36 Monate Elternzeit in Anspruch genommen, kommen diese Kosten denen einer Neueinstellung sehr nahe (bis zu 75 % der Neueinstellungskosten). Können die Freigestellten allerdings durch familienfreundliche Maßnahmen dazu motiviert werden, früher in den Betrieb zurückzukehren und z.B. während der Elternzeit Vertretungseinsätze wahrzunehmen oder an Betriebsversammlungen teilzunehmen, reduzieren sich die Wiedereingliederungskosten drastisch. Kehrt beispielsweise ein Erziehungsurlauber bereits nach 12 Monaten zurück, betragen diese nur noch 30 % der Neueinstellungskosten[101]. Auch ein regelmäßiger Kontakt zum Unternehmen führt dazu, dass die Mitarbeiter auf dem neusten Stand bleiben.

4.1.1.3 Überbrückungskosten

Um den Ausfall der Mitarbeiter aufgrund von Kindererziehungs- oder Pflegeaufgaben zu überbrücken, bieten sich drei Varianten an:

---

100 Vgl. BMFSFJ (2006c), S. 16

101 Vgl. BMFSFJ (2006c), S. 17 f.

- Unbefristete Einstellung eines Mitarbeiters. Dies können allerdings nur jene Unternehmen wagen, die entweder den Rückkehrern eine adäquate Stelle anbieten können oder die Rückkehr kaum erwarten.
- Befristete Einstellung eines Mitarbeiters. Dies ist die am häufigsten gewählte Form.
- Überbrückung durch Arbeitsumverteilung und Mehrarbeit

Die Überbrückungskosten, die durch eine befristete Einstellung oder durch Arbeitsumverteilung und Mehrarbeit entstehen, hängen wesentlich von der Dauer der Auszeit ab. Je kürzer die Beschäftigungszeit der Ersatzkräfte ist, desto weniger wird für deren Anwerbung, Auswahl usw. investiert. Obwohl die letzte Überbrückungsvariante besonders unkompliziert erscheint, ist sie neben der unbefristeten Einstellung mit 500 Euro bis 1.500 Euro pro Monat die kostenintensivste.

Eine schnelle Rückkehr der Mitarbeiter ist also auch bei den Überbrückungskosten das größte Einsparpotential[102]. Insgesamt konnte beispielsweise bei der Wintershall AG die durchschnittliche Dauer in Elternzeit von 33 Monate (1998) auf 19 Monate (2003) gesenkt werden[103], was einer realisierten Einsparung pro abgehenden Mitarbeiter in Höhe von 38.020 Euro entsprach[104].

4.1.1.4 Kosten für Fehlzeiten

Die Doppelbelastung aus Kindererziehung bzw. Pflege von Angehörigen und Erwerbstätigkeit ist eine große Belastung für die Beschäftigten und führt oft zu erhöhtem Stress und einer höheren Krankheitsanfälligkeit. Zu weiteren Fehlzeiten kann es kommen, wenn Eltern durch die gesetzliche Regelung[105] bei Krankheit ihrer Kinder freigestellt werden, was abrechnungstechnisch wie eine eigene Krankheit registriert wird. In der Prognos-Studie konnte allerdings keine quantitative Analyse vorgenommen werden, da die Fehlzeiten nicht detailliert genug (z.B. nach Eltern

---

102 Vgl. BMFSFJ (2006c), S. 18 f.

103 Vgl. BMFSFJ (2006c), S. 18

104 Vgl. BMFSFJ (2006c), S. 21

105 Nach SGB 5 § 45 (2) können sich Eltern bis zu 10 Arbeitstage pro Kind (Alleinerziehende bis 20 Tage) von ihrem Arbeitgeber freistellen lassen.

und kinderlosen Mitarbeitern oder Mitarbeitern mit Pflegeaufgaben) erfasst werden konnten[106].

Das Einsparen von Kosten für Fehlzeiten sieht auch die Commerzbank als einen der wichtigsten positiven Kosteneffekte bei der Betreibung der Notfall-Kinderbetreuung „Kids & Co.". Sie konnte aufgrund von detaillierten Befragungen die betriebswirtschaftlichen Effekte herausarbeiten. Interessant sind in diesem Zusammenhang die Problemlösungsstrategien der Eltern ohne eine von der Commerzbank angebotene Kinderbetreuung in Ausnahmefällen[107]. Über 50 % der Eltern gaben an, dass sie unter diesen Umständen den beruflichen Termin hätten absagen müssen, die Arbeit nicht oder später aufgenommen bzw. Erholungs- oder Sonderurlaub in Anspruch genommen hätten. Um eine Nutzenrechnung[108] aufzustellen, hat man zunächst die Leistung von Kids & Co. anhand der Betreuungsstunden berechnet. Durch die schriftlichen Befragungen wurde ermittelt, dass 254 Commerzbank-Eltern ihre Kinder an durchschnittlich 9 Tagen im Jahr für rund 6 Stunden am Tag in die Notfallbetreuung gegeben haben. Daraus ergibt sich ein Umfang von 13.716 Arbeitsstunden, in denen die Eltern konzentriert und effektiv arbeiten konnten, weil sie ihre Kinder gut betreut wussten. Wenn nun nur der Anteil der Betreuungsstunden betrachtet wird, der einen Ausfall an Arbeitsstunden bedeutet hätte (50 %), verbleiben 6.858 Stunden, die hausintern mit 351.000 Euro bewertet wurden als eingesparter Arbeitsausfall. Stellt man nun die vertragsgemäß entstandenen Kosten für Kids & Co. in Höhe von 210.000 Euro gegenüber, so ergibt sich ein betriebswirtschaftlicher Nutzen[109] in Höhe von 141.000 Euro (siehe Abb.).

106 Vgl. BMFSFJ (2006c), S. 19 f.

107 z.B. durch Ausfall der regulären Betreuung (Ferien, Krankheit der Tagesmutter oder anderer privater Betreuungspersonen, zu kurze Öffnungszeiten morgens und abends)

108 Beispielhaft für das Jahr 2003

109 In diesem Nutzen sind monetär schwer zu erfassende Motivations- und Leistungseffekte bei den Eltern und die Effekte auf das Arbeitsklima der Kollegen noch nicht berücksichtigt.

Maßnahme:	Notfall-Kinderbetreuung
Unternehmen:	Commerzbank AG – Zentrale, Frankfurt am Main
Leistung:	Beschäftigte können ihre Kinder beim Ausfall der regulären Betreuung (z. B. Erkrankung der Tagesmutter) zu „Kids & Co." bringen; 254 Eltern haben ihre Kinder 2003 jeweils knapp 9 Tage und gut 6 Stunden pro Tag betreuen lassen => rund 13.716 Stunden
Nutzenrechnung:	50% der Eltern hätten ohne das Angebot nicht zur Arbeit kommen können, was einem Ausfall von Arbeitsleistung für => 6.658 Stunden und einem Betrag von rund => 351.000 Euro entsprochen hätte
Betriebskosten:	210.000 Euro
sicher vermiedene Kosten:	141.000 Euro im Jahr 2003
	Daten aus 2003

Abb. 8: Kosten-Nutzen-Rechnung von Kids & Co. der Commerzbank AG[110]

Diese Kosten-Nutzen-Rechnung hat dazu beigetragen, dass sich Kids & Co. bei den Beschäftigten der Commerzbank nach zwei Pilotjahren etabliert hat[111].

4.1.2 Kosten

Die Prognos AG geht in ihrer Studie davon aus, dass familienfreundliche Maßnahmen ihre Wirkungen erst in Kombination entfalten. Eine Zurechnung von Effekten auf einzelne Maßnahmen ist daher wenig sinnvoll. Sie hat sich daher entschieden, ein familienfreundliches Grundprogramm mit Maßnahmen für junge Eltern zusammenzustellen und dieses anhand der entstandenen Kosten und der Nutzeneffekte in Summe zu analysieren. Die Bestandteile des Grundprogramms sind folgende:

- Beratungsangebote für Eltern, Kontakthalte- und Wiedereinstiegsprogramme für Beschäftigte in Elternzeit
- Teilzeitangebote, Arbeitszeitflexibilität und -souveränität für Eltern
- Telearbeit für Beschäftigte in Elternzeit
- betriebliche bzw. betrieblich unterstützte Kinderbetreuung[112]

---

[110] Commerzbank/Seehausen, H. (2000), S. 38
[111] Vgl. Commerzbank/Seehausen, H. (2000), S. 37 f.
[112] Vgl. BMFSFJ (2006c), S. 22

Für erstgenannte Beratungs- und Wiedereinstiegsangebote[113] entstehen fast ausschließlich Personalkosten, die neben der Betreuungsintensität wesentlich von der Anzahl von Mitarbeitern mit Betreuungs- oder Pflegeaufgaben abhängen. Im Durchschnitt kommt die Prognos-Studie zu dem Ergebnis, dass ab einer Mitarbeiterzahl von 1.100 und einer Frauenquote von 50 % eine Vollzeitkraft oder bei externer Beratung 60.000 Euro für die Bereitstellung von Beratungs- und Kontakthalteangeboten eingeplant werden müssen[114].

Teilzeitangebote, Arbeitszeitflexibilität und -souveränität stellen die wichtigsten familienfreundlichen Maßnahmen dar. Die Kosten sind allerdings nicht so hoch, wie viele Unternehmen glauben. Lediglich die Entwicklung, Abstimmung und vertragliche Regelung individueller Teilzeitmodelle verursacht einen erhöhten Aufwand innerhalb der Personalabteilung und bei den direkt Vorgesetzten. Im Durchschnitt wurden als Personalaufwand zwei Personentage bzw. 600 Euro ermittelt. Verfügt das Unternehmen zudem über ein weitgehend automatisiertes Abrechnungs- und Zeiterfassungssystem entstehen darüber hinaus keine weiteren Kosten[115].

Für die Kosten der Telearbeit existieren bereits zahlreiche Veröffentlichungen, die die detaillierten Sach- und Personalkosten im Einzelnen beschreiben. Zusammengefasst liegen die Kosten je nach Ausstattung des häuslichen Arbeitsplatzes, der Entfernung zum Betrieb sowie der Organisation von Service und Wartung bei einer auf drei Jahre angelegten Rechnung zwischen 5.000 und 7.000 Euro pro Jahr. Von diesen Kosten sind allerdings die Einsparungen[116] aus dem Wegfall des Arbeitsplatzes im Betrieb abzuziehen[117].

Die Kosten für den Betrieb einer Kinderbetreuungseinrichtung und die betrieblich unterstützte Kinderbetreuung wurden in einer Broschüre des

---

[113] Zu Wiedereinstiegsangeboten zählen auch Kontakthalte-, Qualifizierungs- und Weiterbildungsangebote

[114] Vgl. BMFSFJ (2006c), S. 23

[115] Vgl. BMFSFJ (2006c), S. 24 f.

[116] Je nach Organisation der Telearbeit ergeben sich dadurch unterschiedliche Werte. Bei Teleheimarbeit wird ein ganzer Arbeitsplatz gespart, bei alternierender Telearbeit kommt es zu einem Desk-Sharing.

[117] Vgl. BMFSFJ (2006c), S. 26

Bundesfamilienministeriums hinreichend analysiert und in Form von Modellrechnungen anschaulich gemacht[118]. Die Prognos AG fasst die durchschnittlichen jährlichen Kosten pro Platz unter Berücksichtigung der täglichen Öffnungszeit und dem Alter der Kinder wie folgt zusammen:

Kinder von null bis drei Jahren:	15.600 Euro
Kinder von ein bis sechs Jahren:	10.100 Euro
Kinder von drei Jahren bis Schuleintritt:	7.800 Euro

Diese Gesamtkosten reduzieren sich allerdings noch durch Zuschüsse von Ländern und Kommunen sowie ggf. durch Elternbeiträge für die eine Kostendeckung von ca. 40 % als Orientierungswert genannt wird. Wie bereits in Kapitel 3.3.2 erwähnt, ist eine eigene Kindertagesstätte meist nicht notwendig oder sinnvoll. Es gibt daneben noch weitere Organisationsmodelle, die die Prognos AG in ihrer Studie aufführt:

- Betrieb einer Kindertagesstätte in Kooperation mit anderen Unternehmen
- Die Beauftragung eines freien Trägers
- Die Unterstützung einer Elterninitiative
- Die Kooperation mit öffentlichen oder privaten Trägern bzw. die Sicherung von Belegrechten
- Bezuschussung der Kinderbetreuung

Die Kosten für diese Beteiligung an der Kinderbetreuung der Mitarbeiter liegen deutlich niedriger als ein Betreiben in Eigenregie. So liegen die Kosten für eine altersgemischte Gruppe mit 15 Mitarbeiterkindern im ortsansässigen Kindergarten bei der ratiopharm GmbH bei 2.000 Euro pro Platz und Jahr neben einmaligen Einrichtungskosten in Höhe von 12.000 Euro[119].

---

[118] Vgl. BMFSFJ (2006e), S. 5 ff.
[119] Vgl. BMFSFJ (2006c), S. 26 ff.

Die Kosten für ein Grundprogramm an familienfreundlichen Maßnahmen sind also durchaus überschaubar[120].

4.1.3 Modellrechnung

Um eine Übertragbarkeit der bisherigen Erkenntnisse über Einsparpotentiale und Kosten familienfreundlicher Maßnahmen unabhängig von den jeweiligen Gegebenheiten der Unternehmen darzustellen, hat die Prognos AG in ihrer Studie eine Modellrechnung für eine fiktive „Familien GmbH" aufgestellt. Diese bildet den ungefähren Durchschnitt der untersuchten Unternehmen ab und kann damit als realitätsnah bezeichnet werden. Zunächst werden die Rahmendaten[121] der „Familien GmbH" festgesetzt. Dann erfolgt die Darstellung in drei verschiedenen Szenarien:

- Im „Basisszenario" wird angenommen, dass die „Familien GmbH" keine familienfreundlichen Maßnahmen umsetzt und daher keine Einsparungen erzielt.
- Im „Realszenario" wird ein Unternehmen mit familienfreundlichen Maßnahmen abgebildet, das Einsparungen im Umfang der analysierten Unternehmen realisieren kann.
- Im „Optimalszenario" wird die „Familien GmbH" als familienfreundliches Unternehmen mit maximalen Einsparungen dargestellt[122].

120 Die Beruf & Familie gGmbH trägt auf ihrer Internetseite jeweils den Finanziellen Aufwand für fast jede genannte familienfreundliche Maßnahme zusammen. Auch hier kann man sich also über die zu erwartenden Kosten informieren, Vgl. Audit Beruf & Familie, (1)

121 Die Rahmendaten der „Familien GmbH" sind in der Anlage 2 dargestellt

122 Vgl. BMFSFJ (2006c), S. 29 f.

Die Kosten der Maßnahmen werden wie folgt ausgewiesen:

Kosten der Maßnahmen		
	Realszenario	Optimalszenario
Kosten der Beratungs- und Kontakthalteangebote		
Personalbedarf 1,25 Vollzeitstellen	81.250 €	
Abstimmungsaufwand für flexible Arbeitszeitmodelle		
Beratungsaufwand 2 Tage/Rückkehrer	10.541 €	
Aufwand für Telearbeitsplätze		
Installierte Plätze	5	
Gesamtaufwand	30.000 €	
Aufwand für betriebliche Kinderbetreuung		
Anzahl der Plätze	30	
Kosten je Platz	10.129 €	
Gesamtaufwand	303.870 €	
Ungedeckter Gesamtaufwand (60 %)	183.322 €	
Summe Maßnahmekosten p. a.	**304.113 €**	

Abb. 9: Maßnahmenkosten der „Familien GmbH"[123]

Die Kosten-Nutzen-Analyse wird dann zusammenfassend in folgender Übersicht dargestellt:

Nutzenpotenzial	Basis-szenario	Real-szenario	Einspar-potenzial ggü. Basis-szen. in %	Optimal-szenario	Einspar-potenzial ggü. Basis-szen. in %
Überbrückungskosten für ...					
... Überbrückung mit unbefristeter Einstellung	76.974 €	69.976 €	-9 %	66.478 €	-14 %
... Überbrückung mit befristeter Einstellung	244.918 €	224.902 €	-8 %	209.799 €	-14 %
... Überbrückung mit sonstigen Maßnahmen	46.930 €	26.072 €	-44 %	15.643 €	-67 %
Summe Überbrückungskosten	368.821 €	320.951 €	-13 %	291.920 €	-21 %
Fluktuationskosten und Wiederbeschaffungskosten					
Kosten aufgrund von Nichtrückkehr (Fluktuation) aus der Elternzeit	57.731 €	17.494 €	-70 %	16.619 €	-71 %
Kosten für Neueinstellungsbedarf aufgrund Teilzeitwunsch zurückkehrender ehemaliger Vollzeitkräfte	76.974 €	76.118 €	-1 %	33.239 €	-57 %
Summe Fluktuations- u. Wiederbeschaffungskosten	134.705 €	93.612 €	-31 %	49.858 €	-63 %
Wiedereingliederungskosten	67.110 €	44.740 €	-33 %	21.479 €	-68 %
Kosten für erhöhte Fehlzeiten	0 €	0 €	–	0 €	–
Kostenersparnis durch Zuflüsse qualifizierter Überbrückungskräfte in den Bewerberpool	-14.271 €	-142.709 €	–	-160.224 €	–
Attraktivitätseffekt bei der Mitarbeiterakquise (Basis: Realszenario)	139.725 €	0 €	–	-46.575 €	–
Summe Kosteneinsparpotenzial p. a.	**696.090 €**	**316.594 €**	**-55 %**	**156.459 €**	**-78 %**
Kosteneinsparpotenzial je abgehende Erziehungsurlauberin/abgehenden Erziehungsurlauber p. a.	**34.804 €**	**15.830 €**	**-55 %**	**7.823 €**	**-78 %**
Realisierbares Einsparpotenzial im Vergleich zum Basisszenario	–	**-379.496 €**		**-539.631 €**	–
Realisierbares Einsparpotenzial im Vergleich zum Basisszenario je Abgang in Elternzeit	–	**-18.975 €**		**-26.982 €**	–
Summe Maßnahmekosten p. a.	–	**304.113 €**			
Kosten-Nutzen-Differenz	–	**75.384 €**		**235.518 €**	

Abb. 10: Kosten-Nutzen-Analyse der „Familien GmbH"[124]

[123] BMFSFJ (2006c), S. 32

[124] BMFSFJ (2006c), S. 34

Die Hauptaussage dieser Untersuchung ist, dass familienfreundliche Maßnahmen unter realen Bedingungen über 75.000 Euro mehr Einsparungen erwirtschaften als sie kosten. Diese Zahl kann bis weit über 200.000 Euro betragen, wenn die maximalen Einsparungen erzielt werden können[125]. Im Detail konnten die Überbrückungskosten um 13 % (im Realszenario) bzw. 21 % (im Optimalszenario) sowie die Wiedereingliederungskosten um 33 % bzw. 68 % reduziert werden aufgrund der kürzeren Elternzeitinanspruchnahme. Die Wiederbeschaffungskosten konnten um 31 % bzw. 63 % gesenkt werden durch eine deutlich gestiegene Rückkehrquote aus der Elternzeit. Weitere Einsparungen von bis zu 185.000 Euro konnten bei den Personalbeschaffungskosten verzeichnet werden aufgrund der gestiegenen Attraktivität des Unternehmens für Bewerber und der Übernahme von Überbrückungskräften aus dem Bewerberpool. Einsparungen aus der Reduktion von Fehlzeiten wurden wegen der anfangs erwähnten Schwierigkeiten bei der Datenerfassung nicht berücksichtigt. Deshalb ist davon auszugehen, dass die realisierten Kosteneinsparungen noch einmal deutlich steigen könnten[126].

Die Einsparpotentiale für die Wiederbeschaffungs-, Wiedereingliederungs- und Überbrückungskosten sowie die Kosten der einzelnen Maßnahmen für junge Eltern sind in der Prognos-Studie hinreichend erläutert. Es wurde eine Rendite der Investition in die familienfreundlichen Personalmaßnahmen in Höhe von 25 % ermittelt[127]. Dieses Ergebnis soll ein Anreiz für die Unternehmen sein, sich mit Familienfreundlichkeit auseinanderzusetzen. Das vorgestellte Rechenbeispiel soll eine erste Herangehensweise darstellen. Bei der Ermittlung der Wirtschaftlichkeit der weiteren unter Kapitel 4 genannten Wirkungen mangelt es allerdings immer noch an einer allgemein gültigen Modellrechnung.

4.2 Nutzwertanalyse

Ein mögliches zusätzliches Instrument zur Ermittlung des betriebswirtschaftlichen Nutzens ist die Nutzwertanalyse. Dabei werden sämtliche Kosten und Nutzeffekte über Punktebewertung zu einem Nutzwert addiert. Es erfolgt hierbei also der Verzicht auf jegliche monetäre Bewertung[128]. Sie tritt vielmehr an deren Stelle, wenn monetäre Größen nur ei-

---

125 Durch deutlich kürzere Elternzeitinanspruchnahme, höhere Rückkehrquote, etc.
126 Vgl. BMFSFJ (2006c), S. 32 f.
127 Vgl. BMFSFJ (2006c), S. 33
128 Vgl. Wunderer, R. et al. (2006), S. 271

ne von mehreren Zielsetzungen darstellen und ermöglicht so eine mehrdimensionale Bewertung[129]. Sie eignet sich daher besonders für die betriebswirtschaftliche Betrachtung der „weichen" Wirkungen von familienfreundlichen Maßnahmen (z. B. erhöhte Mitarbeiterzufriedenheit).

Zunächst wird dabei ein Zielsystem zusammengestellt, das auf das Entscheidungsproblem konkret und differenziert, aber mit messbaren Kriterien bezogen ist. Nun werden die Ziele stufenweise präzisiert. Dadurch ergeben sich hierarchische Zielstrukturen. Die ermittelten Ziele sollten dabei möglichst überschneidungsfrei sein, um keinen doppelten Effekt zu erreichen. Im zweiten Schritt wird dann eine Gewichtung der Teilziele vorgenommen. Zuerst wird dem übergeordneten Ziel (z.B. Wirtschaftlichkeit der familienfreundlichen Maßnahmen) 100 % (oder der Wert 1,0) zugeordnet und diese dann auf die Teilziele verteilt, sodass eine Ordnung der Wichtigkeit der Teilziele vorgenommen wird. Dabei ist zu beachten, dass die Gewichtung einen hohen Grad an Subjektivität besitzt. Es ist daher empfehlenswert, diese mit mehreren Personen abzustimmen, da es im weiteren Verlauf der Analyse zu einer Nutzenadditivität kommt. Im Falle einer Wirtschaftlichkeitsbetrachtung von familienfreundlichen Maßnahmen könnte der Zielkatalog wie folgt aussehen. Die Ziele wurden aus den unter Kapitel 4 genannten Wirkungen familienfreundlicher Maßnahmen entnommen. Die (fiktive) Gewichtung der einzelnen Teilziele (Stufengewicht) ist direkt dem jeweiligen Ziel zugeordnet. Die (fiktiven) Gewichte der Teilziele bezogen auf das Gesamtziel stehen in der letzten Zeile. Sie ergeben sich durch Multiplikation der Stufengewichte.

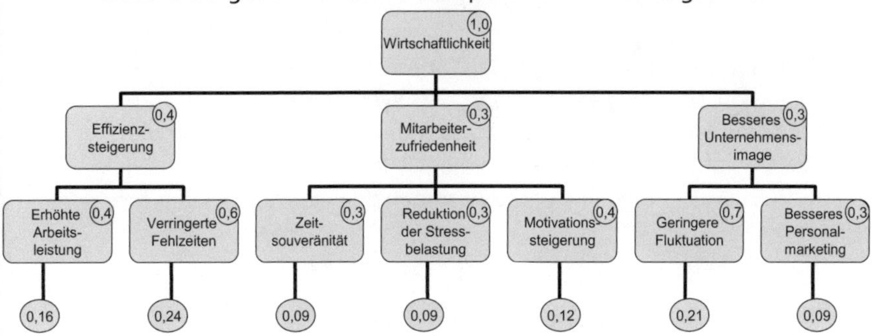

Abb. 11: Zielhierarchie der Nutzwertanalyse[130]

[129] Vgl. Weber, J. (2004), S. 394 f.
[130] Eigene Darstellung

Im dritten Schritt werden die Teilziele einem einheitlichen Bewertungsverfahren unterzogen und so in dimensionslose Zielerfüllungsgrade überführt. Für die Bewertungsskala eignet sich beispielsweise folgende Operationalisierung, die auf alle Teilziele angewandt werden muss:

Teilziel: Verringerte Fehlzeiten	
Veränderung der Messgröße	**Erfüllungsgrad**
Fehltage/Jahr um mind. 3 verringert	3
Fehltage/Jahr um 2 verringert	2
Fehltage/Jahr um 1 verringert	1
Keine Veränderung	0
Fehltage/Jahr um 1 erhöht	-1
Fehltage/Jahr um 2 erhöht	-2
Fehltage/Jahr um mind. 3 erhöht	-3

Abb. 12: Bewertungsskala für Fehlzeiten[131]

Teilziel: Erhöhte Arbeitsleistung	
Veränderung der Messgröße	**Erfüllungsgrad**
Ganz erhebliche Erhöhung	3
Deutliche Erhöhung	2
Leichte Erhöhung	1
Keine Veränderung	0
Leichte Verringerung	-1
Deutliche Verringerung	-2
Ganz erhebliche Verringerung	-3

Abb. 13: Bewertungsskala bspw. für Arbeitsleistung[132]

Auch diese Bewertung ist sehr subjektiv, vor allem weil sich die Zielerreichungsgrade oft schwer messen lassen. Das systematische und transparente Vorgehen sorgt allerdings dafür, dass die Vergabe der Punktwerte weitestgehend objektiviert werden können. Auch eine Vorgabe von Mindestzielerreichungsgraden ist für die Akzeptanz des Verfahrens von großem Vorteil.

Zum Abschluss der Analyse erfolgt die Alternativenwahl (Sind die eingeführten Maßnahmen betriebswirtschaftlich sinnvoll?). Dazu werden zunächst die Zielerfüllungsgrade mit den Zielgewichtungen multipliziert und dann die ermittelten Produkte über das gesamte Zielsystem hinweg

---

[131] In Anlehnung an Reichwald et al. (1996), S. 137
[132] In Anlehnung an Reichwald et al. (1996), S. 137

addiert[133]. Obwohl in der folgenden Darstellung fiktive Werte angenommen sind, ist davon auszugehen, dass das Gesamtergebnis zugunsten der familienfreundlichen Maßnahmen ausfällt.

Ziele			Punktwerte							Gewichtete Punktwerte	
Art		Gewicht	-3	-2	-1	0	1	2	3	ohne ff. Maßnahmen	mit ff. Maßnahmen
Effizienz-steigerung	Erhöhte Arbeitsleistung	0,16								0	0,32
	Verringerte Fehlzeiten	0,24								-0,24	0,72
Mitarbeiter-zufriedenheit	Zeit-souveränität	0,09								-0,09	0,09
	Reduktion der Stress-belastung	0,09								0	0,09
	Motivations-steigerung	0,12								0,12	0
Besseres Unternehmens-image	Geringere Fluktuation	0,21								0,21	0,42
	Besseres Personal-marketing	0,09								0,09	0,27
Gesamtergebnis										**0,09**	**1,91**

Abb. 14: ***Profildarstellung der Nutzwertanalyse***[134]

Zu Beginn der Entscheidung, für oder gegen die Einführung von familienfreundlichen Maßnahmen, kann man deren Tragweite kaum erahnen. Deshalb bietet es sich wie beim Rechenbeispiel der Commerzbank an, die Nutzwertanalyse erst nach einer Pilotphase anzusetzen, um Vergleichsdaten vor der Einführung der Maßnahmen und nach deren Umsetzung zu erhalten. Später kann man dann mit Hilfe der Nutzwertanalyse die Fortschritte innerhalb bestimmter Zeitabschnitte überprüfen. Die Nutzwertanalyse bietet also ein zusätzliches und aussagefähiges Controlling-Instrument für die Wirtschaftlichkeitsanalyse von familienfreundlichen Maßnahmen.

4.3 Spezifische Kennzahlen

Die Effizienz von familienfreundlichen Maßnahmen mit Hilfe von Kennzahlen zu überprüfen, stellt eine weitere Möglichkeit der betriebswirt-

---

133 Vgl. Weber, J. (2004), S. 395 ff.

134 Eigene Darstellung in Anlehnung an Weber, J. (2004), S. 399

schaftlichen Betrachtungsweise dar. Außerdem dienen Kennzahlen dazu, ein zu dem jeweiligen Betrieb passendes und betriebswirtschaftliches Personalkonzept zu entwickeln. Um den Bedarf an familienfreundlichen Maßnahmen zu ermitteln, benötigt das Unternehmen zunächst die Anzahl der Eltern, die Kinder im betreuungspflichtigen Alter haben. Fehlt diese Kennzahl, so kann man auf den Bundesdurchschnitt der erwerbstätigen Eltern mit im Haushalt lebenden Kindern unter 15 Jahren zurückgreifen. Dieser lag im Jahr 2005 bei 23,45 %[135]. Wünschenswert wäre auch eine Kennzahl über die Anzahl der Beschäftigten mit Pflegeaufgaben, aber auch hier kann die Ermittlung der Daten schwierig sein. Eine Durchschnittrechnung ist hier trotzdem möglich, wenn man die Anzahl der Mitarbeiter nach Altersstufen erfasst und mit der Pflegewahrscheinlichkeit der 30 Jahre älteren Generation multipliziert[136]. Daraus ergibt sich die Mitarbeiteranzahl, die pflegebedürftige Angehörige hat. Will man dann nur die zu Hause betreuten Pflegebedürftigen ermitteln und damit die Mitarbeiter mit einer besonderen Versorgungsaufgabe berücksichtigen, multipliziert man das Ergebnis mit dem Faktor 0,682[137]. Erst nachdem das Unternehmen diese Basisdaten gewonnen hat, kann es feststellen, ob und in welchem Maße familienfreundliche Angebote sinnvoll anzusetzen sind[138]. Zur Abschätzung der betriebswirtschaftlichen Effekte der familienfreundlichen Maßnahmen im Vorfeld oder zur Überprüfung im Nachhinein müssen dann Kennzahlen zusammengestellt werden, die im Verlauf stetig kontrolliert und beobachtet werden. Sie sollen sich im Laufe der Zeit positiv verändern[139]. Zu diesen Kennzahlen können z. B. folgende zählen. Sie sind den unter Kapitel 4 genannten Wirkungen zugeordnet. Außerdem wird auf die Berechnungsweise hingewiesen:

---

135 Anteil erwerbstätige Eltern mit im Haushalt lebenden Kindern unter 15 Jahren (Vgl. Statistisches Bundesamt (2006b), S. 34) an Erwerbspersonen gesamt (Vgl. Informationsdienst des Statistischen Bundesamtes, (2))

136 Die Pflegequoten kann man der aktuellen Pflegestatistik des Statistischen Bundesamtes entnehmen.

137 Entspricht dem Anteil der zu Hause betreuten Pflegebedürftigen an der Gesamtanzahl der Pflegebedürftigen im Jahr 2005, Vgl. Informationsdienst des Statistischen Bundesamtes, (2)

138 Vgl. Work & Life, (9)

139 Vgl. Esslinger, A. S. (2007), S. 234

Wirkung	Kennzahl	Berechnung/ Bemerkung
Steigerung der Wettbewerbsfähigkeit	Keine sinnvoll	Auswirkung zu marginal
Steigerung der Motivation und Zufriedenheit der Beschäftigten	Teilzeitquote	Anteil Teilzeitbeschäftigte an Gesamtzahl Mitarbeiter
	Mitarbeiterzufriedenheitsindex	Index wird mit einer Umfrage ermittelt
Effizienzsteigerungen	Keine sinnvoll	Auswirkung zu marginal
Reduktion der Stressbelastung	Zeitsouveränität	Wird mit Umfrage ermittelt
Senkung von Fehlzeiten und Krankenstand	Fehlzeitenquote	Anteil der Fehlzeiten an Soll-Arbeitszeit
	Krankheitsquote	Anteil der durch Krankheitsmeldungen ausgefallene Tage an Soll-Arbeitszeit
Verringerung der Fluktuation	Fluktuationsrate	Anzahl der Abgänge und Zugänge/ durchschnittlicher Personalbestand
Erhöhung der Rückkehrquote und Senkung der Abwesenheitsdauer nach Mutterschutz	Rückkehrquote	Anteil der Rückkehrer aus Elternzeit
	Abwesenheitsdauer	Durchschnittliche Verbleibsdauer in Elternzeit
verbessertes Personalmarketing	Frauenquote bei Bewerbungen	Anteil qualifizierter Frauen an Bewerbungen
verbessertes Unternehmensimage	Unternehmensimage	Befragungen unter verschiedenen Bezugsgruppen
Marketingeffekte für den Produktabsatz	Keine sinnvoll	Auswirkung zu marginal

Abb. 15: Spezifische Kennzahlen[140]

[140] Eigene Darstellung, angelehnt an Schulte, C. (2002), S. 156 ff. und Wunderer, R. et al. (2006), S. 215

Die genannten Kennzahlen können nur sinnvoll eingesetzt werden, wenn sie im Zeitverlauf betrachtet werden. Eine Momentaufnahme ist wenig aussagekräftig. Die Kennzahlen bieten sich für jede Größe von Unternehmen an, auch wenn statt umfangreicher Personalmaßnahmen individuelle Einzelfalllösungen gefunden werden. Die Befragungen im Vorfeld erzeugen allerdings oft eine bestimmte Erwartungshaltung bei den Mitarbeitern. Deshalb gibt es bspw. die Möglichkeit eines online im Internet verfügbaren Berechnungsinstruments, in das die Belegschaftsdaten eingetragen werden können und daraus spezifische Kennzahlen generiert werden[141].

4.4. Benchmarking oder Lernen von den Besten

Ein weiteres Instrument zur Planung und Kontrolle der familienfreundlichen Maßnahmen ist das Benchmarking. Hier werden Produkte, Dienstleistungen und betriebliche Prozessstrukturen kontinuierlich über mehrere Unternehmen hinweg verglichen und dadurch die Optimierungspotentiale aufgedeckt. Das Benchmarking zielt nicht nur auf Kosten- und Kennzahlenvergleiche ab, sondern vergleicht auch praktizierte Methoden und Prozesse. Dadurch ist es sowohl für qualitative als auch für quantitative Effekte von familienfreundlichen Maßnahmen verwendbar[142]. Durch Best-Practice-Analysen soll die Wettbewerbsorientierung auch im Bereich Familienfreundlichkeit verankert werden. Hier werden Unternehmen gesucht, die mit Hilfe bewährter und kostengünstiger Verfahren, technischer Systeme oder Geschäftsprozesse zum Musterbetrieb in dem jeweiligen Bereich werden, also z.B. bei der Einführung und Umsetzung von familienfreundlichen Maßnahmen. Mittlerweile hat sich auch der Begriff Good-Practice etabliert, denn nicht immer ist es möglich oder hilfreich nach der besten Lösung zu suchen und sich an ihr zu orientieren. Oft gibt es eben mehrere Praxisbeispiele, die man als Orientierung heranziehen kann[143].

In Deutschland gibt es zahlreiche Wettbewerbe und Audits, bei denen familienfreundliche Unternehmen ausgezeichnet werden und als Muster-

---

141 Das Instrument „Modellrechnungen für Kosten und Nutzen einer familienbewussten Personalpolitik" wurde von Elena de Graat (Work & Life) im Rahmen des EU-geförderten Projekts „Vereinbarkeitsmaßnahmen von Familie und Beruf anhand des Modellprojekts einer nationalen Koordinierungsstelle" entwickelt. Vgl. Work & Life, (9)

142 Vgl. Wunderer, R. et al. (2006), S. 188 f.

143 Vgl. Online-Verwaltungslexikon, (4)

beispiel für andere Unternehmen gelten sollen. Für die Unternehmen selbst bedeutet so eine Auszeichnung einen hohen Imagegewinn, der die Kosten für die Bewerbung bei weitem übersteigt. "Wettbewerbe sind stetiger Antrieb und Motor für Spitzenleistungen im Unternehmen", sagt Eberhard Veit, Sprecher des Vorstands der Festo AG, Esslingen[144].

All diese Erfolgsmodelle sollen deutlich machen, dass eine familienbewusste Personalpolitik auf verschiedene Art und Weise umgesetzt werden kann[145]. Eines ist aber bei allen zertifizierten Unternehmen gleich: familienfreundliche Maßnahmen sind betriebswirtschaftlich lohnend, da sie mehr einsparen als sie kosten[146]. Im folgenden Abschnitt sollen die wichtigsten Wettbewerbe in Deutschland aufgeführt werden und damit ihr Potential Best-Practice-Beispiele zu liefern, verdeutlicht werden.

4.4.1 Unternehmenswettbewerb„Erfolgsfaktor Familie"

Dieser Unternehmenswettbewerb, der vom Bundesministerium für Familie, Senioren, Frauen und Jugend (BMFSFJ) ausgeschrieben wird und unter der Schirmherrschaft von Bundeskanzlerin Angela Merkel steht, zeichnet familienfreundliche Unternehmen aus. Die Idee dahinter ist, Erfolgsgeschichten aufzuzeigen[147]. Dabei werden Erfahrungsberichte von Unternehmen vorgestellt, die mit innovativen Maßnahmen ihre Familienfreundlichkeit demonstriert haben. Darüber hinaus bietet das damit ver-

---

144 Vgl. Presse- und Informationsamt der Bundesregierung (2007), S. 2

145 So gibt es von der Beruf & Familie gGmbH eine neue Broschürenreihe „für die Praxis", in der neben vielen Tipps für die Umsetzung von familienfreundlichen Maßnahmen auch viele Praxisbeispiele genannt werden, wie Unternehmen die Aufgabe familienfreundlich zu sein, umgesetzt haben. Daneben sind auch in den zahlreichen Publikationen des BMFSFJ viele Beispiele von Unternehmen genannt, an denen man sich orientieren kann, z.B. soll die Broschüre „Familienbewusste Personalpolitik" einen ausführlichen Fahrplan zur Einführung betrieblicher Regelungen bieten.

146 Vgl. Beruf & Familie gGmbH (2007), S. 2

147 Partner des Wettbewerbs sind das Bundesministerium für Wirtschaft und Technologie (BMWi), die Bundesvereinigung der Deutschen Arbeitgeberverbände (BDA), der Deutsche Industrie- und Handelskammertag (DIHK), der Zentralverband des Deutschen Handwerks (ZDH), der Bundesverband der Deutschen Industrie (BDI), der Deutsche Gewerkschaftsbund (DGB) und die Wirtschaftsjunioren Deutschland. Die Beruf & Familie gGmbH – eine Initiative der Gemeinnützigen Hertie-Stiftung – beurteilt als Kompetenzpartner die eingereichten Wettbewerbsunterlagen. Kofinanziert wird der Wettbewerb durch Mittel des Europäischen Sozialfonds (ESF)

bundene Unternehmensprogramm zahlreiche Publikationen zum Thema Vereinbarkeit von Familie und Beruf an. Zum kostenlosen Unternehmensprogramm „Erfolgsfaktor Familie" zählt neben dem Unternehmenswettbewerb außerdem ein Unternehmensnetzwerk, das eine Plattform bietet, auf der sich ausgezeichnete und interessierte Unternehmen austauschen und ggf. kooperieren können.

Der Wettbewerb wird alle drei Jahre ausgeschrieben. Das erste Mal wurden im Jahre 2005 insgesamt fünf Betriebe in den Kategorien kleine, mittlere und große Unternehmen sowie für einen Sonder- und einen Innovationspreis ausgezeichnet. Damals hatten sich 366 Unternehmen aus allen Branchen beworben. Im Jahr 2008 wird dieser Wettbewerb nun zum zweiten Mal ausgeschrieben und es haben sich sogar 503 Unternehmen beworben. Das zeigt ein zunehmendes Interesse an einer solchen Ausschreibung. Das Auswahlverfahren ist so gestaltet, dass erfahrene Auditoren eine Vorauswahl anhand von eingereichten Bewerbungsunterlagen vornehmen und die 30 Endrundenteilnehmer vor Ort besuchen. Eine Jury aus hochrangigen Vertretern aus Politik, Wirtschaft und Wissenschaft wählt im Anschluss die Preisträger aus, welche dann in einer Preisverleihung im Bundeskanzleramt in Berlin ausgezeichnet werden. Beim Wettbewerb 2008 gibt es drei Hauptkategorien (kleine, mittlere und große Unternehmen), deren Gewinner jeweils eine Siegprämie in Höhe von 5.000 Euro erhalten und in jeder Kategorie jeweils zwei Sonderpreise (für Modelle betrieblicher Kinderbetreuung und für die Förderung des beruflichen Wiedereinstiegs), die mit 2.000 Euro dotiert sind. Bewerben kann sich jedes Unternehmen mit Sitz in Deutschland, welches familienfreundliche Maßnahmen anbietet[148].

Die Unternehmen haben also neben dem Imagegewinn auch einen finanziellen Gewinn, wenn sie erfolgreich diesen Wettbewerb bestreiten. Aber auch für Betriebe, die familienfreundliche Maßnahmen einführen wollen, aber noch nicht genau wissen wie, ist dieser Wettbewerb sinnvoll, denn er kann zeigen, wie ähnliche Unternehmen in dieser Situation gehandelt haben. Er bietet daher viele Anregungen und Denkanstöße, dass die Unternehmen diejenigen Maßnahmen finden, die zu den individuellen Bedürfnissen des Betriebes passen und auf die entsprechenden Abläufe angepasst sind.

---

[148] Vgl. Erfolgsfaktor Familie, (7)

4.4.2 Audit „Beruf und Familie"

Dieser Unternehmenswettbewerb ist ein Angebot der berufundfamilie gGmbH. Diese ist eine Initiative der gemeinnützigen Hertie-Stiftung und wird vom BMFSFJ gefördert. Sie wird außerdem aus Mitteln des Europäischen Sozialfonds kofinanziert. Seit 1995 unterstützt das Audit Unternehmen darin, familienbewusste Personalpolitik nachhaltig umzusetzen. Es wird als das strategische Managementinstrument zur besseren Vereinbarkeit von Familie und Beruf angesehen. Es erfasst bei Unternehmen aller Branchen und Größenklassen den Stand der bereits vorhandenen familienfreundlichen Maßnahmen und ermittelt für jedes Unternehmen das jeweilige Potential für eine nachhaltige Personalpolitik. Im Gegensatz zum Unternehmenswettbewerb „Erfolgsfaktor Familie" zeichnet es nicht nur Betriebe aus, die bereits familienfreundliche Maßnahmen umgesetzt haben[149]. Es hilft vielmehr im Laufe der Auditierung zunächst bei der Feststellung der geeigneten Maßnahmen und überprüft dann jährlich die praktische Umsetzung[150]. Dieses Audit bietet also wesentlich mehr als eine Best-Practice Analyse. Dennoch werden auf der Internetseite zu fast jeder ausführlich vorgestellten Maßnahme die entsprechenden Best-Practice-Beispiele genannt. An dieser Stelle wird auch darauf hingewiesen, welche Unternehmen die entsprechende Maßnahme bereits erfolgreich durchgeführt haben.

Der Auditierungsprozess gestaltet sich so, dass nach einem Strategie- und einem Auditierungsworkshop sowie einer Zielvereinbarung zunächst ein Grundzertifikat verliehen wird. Im Anschluss können die Unternehmen von den neusten wissenschaftlichen Erkenntnissen aus den nutzbaren und zugänglichen Datenbanken der berufundfamilie gGmbH profitieren und werden in das Auditnetzwerk eingebunden. Es erfolgt eine jährliche Berichterstattung bis das Unternehmen nach drei Jahren re-auditiert wird und das eigentliche Zertifikat erhält. Nun können weiterführende Ziele vereinbart werden und das Unternehmen darf das Gütesiegel des Audits führen bis es nach drei Jahren wieder zertifiziert wird.

Das Audit sieht sich als professionelle Gesamtstrategie, das spezifische Lösungen für jedes Unternehmen anbietet. So unterscheidet es über 150

---

149 Im Übrigen sind bei dem Unternehmenswettbewerb „Erfolgsfaktor Familie" besonders Bewerbungen von bereits nach dem Audit „Beruf und Familie" zertifizierten Unternehmen erwünscht.

150 Vgl. Beruf & Familie gGmbH (2007), S. 3 f.

familienfreundliche Maßnahmen in acht Handlungsfeldern[151]. Dabei werden zu jeder Maßnahme ausführliche Informationen über den finanziellen, personellen und zeitlichen Aufwand vermittelt, sowie teilweise der Nutzen für Arbeitgeber und Arbeitnehmer erläutert und auf mögliche Umsetzungsschwierigkeiten und Mitbestimmungsgrundlagen hingewiesen. Es gibt damit ein breites Spektrum an Möglichkeiten vor, wie sich Unternehmen familienfreundlich engagieren können. Dabei unterstützen, beraten und vermitteln die Auditoren, um gemeinsam die beste Strategie hin zu einer zukunftsfähigen familienfreundlichen Personalpolitik zu finden. Ist ein Unternehmen dann zertifiziert, hat das durch den zunehmenden Bekanntheitsgrad des Audits eine hohe Außenwirkung auf Kunden, (potentielle) Beschäftigte und Wettbewerber.

Die Kosten für die Auditierung richten sich nach der Größe des Unternehmens (Anzahl der Beschäftigten) und belaufen sich auf etwa 5.000 bis 10.000 Euro. In einzelnen Bundesländern gibt es allerdings auch schon Fördermöglichkeiten. Dabei können bis zu 100 % der Kosten übernommen werden[152].

4.4.3 Total E-Quality Award

Diese Auszeichnung wird verliehen für Organisation aus Wirtschaft, Wissenschaft, Politik und Verwaltung, die in ihrer Personalpolitik besonders auf Chancengleichheit Wert legen. Ein entscheidendes Kriterium für die Verleihung dieses Prädikats ist, dass die Organisation wirtschaftliche Belange und die Interessen der Mitarbeiter mittels geeigneter Personalstrategien zur Umsetzung von Chancengleichheit vereinigt. Bewerben kann sich jede Institution mit mehr als 15 Beschäftigten[153]. Der Award wird für drei Jahre vergeben und kann bei erneuter Bewerbung wieder verliehen werden, wenn Fortschritte in der Personalpolitik zu erkennen sind. Die Kosten für dieses Prädikat betragen je nach Mitarbeiteranzahl zwischen 300 und 2.050 Euro, dafür dürfen die Prädikatsträger dies in ihrem Marketing und ihrer Öffentlichkeitsarbeit einsetzen[154].

---

[151] Siehe Anlage 1

[152] Vgl. Audit Beruf und Familie, (1), bisher gibt es Fördermöglichkeiten in Brandenburg, Rheinland-Pfalz, Niedersachsen, Sachsen-Anhalt und Hessen

[153] In der Anlage 3 ist ein Auszug der Bewerbungsunterlagen abgebildet, der den Teil zur Vereinbarkeit von Familie und Beruf darstellt.

[154] Vgl. Total E-Quality Award, (5)

Auch hierbei werden Good-Practice Beispiele veröffentlicht, um anderen Organisationen Impulse für die eigene Arbeit zu geben. So wird z.B. in dem Bereich Vereinbarkeit von Familie und Beruf über das Wiedereinstiegsprogramm der Deutschen Post AG sowie eines besonderen Beratungsangebotes für werdende Eltern in Form eines Informationskalenders der Allianz Deutschland AG berichtet. Außerdem werden verschiedene Kinderbetreuungsangebote z.B. der Commerzbank AG oder der Fraport AG vorgestellt. Als Mitglied im Verein Total E-Quality können die Unternehmen zusätzlich von Netzwerkdiensten und Forschungsergebnissen profitieren[155].

4.4.4 Regionale Wettbewerbe

Neben vielen bundesweiten Wettbewerben gibt es auch eine Vielzahl von regionalen Auszeichnungen für familienfreundliche Unternehmen in den einzelnen Bundesländern, Landkreisen und Städten. Als Beispiel soll hier der Unternehmenswettbewerb „Job und Familie: Das geht!" des Bundeslandes Brandenburg erwähnt werden. Dieser orientiert sich zwar auch an den bundesweiten Wettbewerben, setzt aber auch ein klares Signal an die ortsansässigen Unternehmen, sich gerade in einer strukturschwachen Region für eine bessere Vereinbarkeit von Familie und Beruf einzusetzen, um eine weitere Abwanderung von qualifizierten Arbeitskräften zu verhindern. Kooperationspartner sind das Arbeits- und Wirtschaftsministerium von Brandenburg und Sponsoren sind zwei brandenburgische Unternehmen[156]. Es wurden bis zu 9.000 Unternehmen angeschrieben, um auf den Wettbewerb aufmerksam zu machen. Preise gibt es zum einen für Konzepte, die sich noch in der Probephase befinden, in Form einer professionellen Unterstützung bei der Konzeptumsetzung mit Hilfe von Beratungsangeboten in Höhe von 2.000 bis 6.000 Euro. Zum anderen gibt es einen Preis für das beste umgesetzte Projekt in Höhe von 1.000 Euro als Zuschuss für eine Betriebsfeier. Aufgrund der Tatsache, dass es lediglich Sachpreise zu gewinnen gab, lag die Beteiligung der Unternehmen nur bei sieben Bewerbern. Das zeigt deutlich, dass die Bedeutung von regionalen Wettbewerben als Best-Practice-Analyse noch nicht bei allen Unternehmen vorgedrungen ist. Hier ist ein erhöhter Kommunikationsbedarf festzustellen. Trotzdem werden die Gewinner des Wettbewerbs ausführlich vorgestellt[157].

---

155 Vgl. Total E-Quality Award, (5)

156 die EKO Stahl GmbH Eisenhüttenstadt (heute: ArcelorMittal Eisenhüttenstadt GmbH) sowie das Reha-Zentrum Lübben

157 Vgl. Technologie- und Gründerzentrum „Fläming" GmbH (2004), S. 5 ff.

Des Weiteren bieten auch andere Bundesländer, Landkreise und Städte[158] Anregungen für Unternehmen, die familienfreundlicher sein wollen.

Bei all den vielen Best-Practice-Beispielen sollten allerdings die Bedürfnisse der eigenen Mitarbeiter nicht vergessen werden. Die Ergebnisse aus dem Benchmarking sind nicht im Detail zu übernehmen, sondern auf das eigene Unternehmen zuzuschneiden. Ziel ist es eine individuelle Lösung für das Vereinbarkeitsproblem zu finden.

---

[158] So gibt es viele Städte (wie bspw. Berlin, Hannover, etc.), die auf dem Weg zu mehr Familienfreundlichkeit Unternehmen bei der Implementierung von familienfreundlichen Maßnahmen unterstützen.

5. Fazit

Eins macht diese Untersuchung besonders deutlich: Familienfreundlichkeit im Unternehmen zahlt sich in vielerlei Hinsicht aus.

Betriebswirtschaftliche Effekte sind durchweg positiv. Das wird in vielen Veröffentlichungen deutlich. Die Prognos-Studie hat bereits im Jahr 2003 gezeigt, dass es neben vielen „weichen" monetär schwer zu erfassenden Effekten wie z.B. einer höheren Produktivität und Motivation der Beschäftigten sowie Imagegewinnen, einige monetär erfassbare Wirkungen von familienfreundlichen Maßnahmen gibt, die sich als betriebswirtschaftlicher Nutzen berechnen lassen. Diesem hat sie dann die Kosten der Maßnahmen gegenübergestellt und die Kosten-Nutzen-Betrachtung mit einer Modellrechnung abgerundet. Die Prognos-Studie hat damit den Grundstein für die betriebswirtschaftliche Betrachtung von familienfreundlichen Maßnahmen gelegt und dient nun als Ausgangspunkt für weitere Berechnungen. In dieser Untersuchung werden die wesentlichen Erkenntnisse aus dieser Studie erläutert. Allerdings zeigt sich dabei auch, dass sie lediglich auf die Einsparpotentiale eingeht, die durch eine Verkürzung der Elternzeit erreicht werden und bezieht sich damit hauptsächlich auf Angebote für Eltern mit kleinen Kindern. Die Evaluationsstudie der Commerzbank AG macht mit ihrer Studie deutlich, dass es für die Unternehmen relativ einfach ist, fundierte Aussagen über den betriebswirtschaftlichen Nutzen von familienfreundlichen Maßnahmen zu machen. Sie konzentriert sich dabei auf die Verkürzung von Fehlzeiten durch eine betriebseigene Kindernotfallbetreuung.

Die betriebswirtschaftlichen Effekte können die Unternehmen aber auch durch spezifische Kennzahlen oder die Nutzwertanalyse ermitteln und kontrollieren. Diese Methoden bieten sich vor allem bei der Analyse der monetären und nicht-monetären Wirkungen an. Das Benchmarking und die damit verbundene Best-Practice-Analyse können dagegen helfen, anhand von Problemlösungsstrategien für eine bessere Vereinbarkeit von Familie und Beruf, die optimale Zusammensetzung der Maßnahmen für das eigene Unternehmen zu finden.

Wie der erste Teil dieser Untersuchung zeigt, gibt es verschiedene Gründe, warum Unternehmen familienfreundliche Maßnahmen einführen und weiterentwickeln sollen. Der zunehmende Fachkräftemangel ist wahrscheinlich das markanteste Argument. Genauso unterschiedlich wie die Bedürfnisse der Mitarbeiter sind, so differenziert sollte auch bei der Zusammenstellung der Maßnahmen vorgegangen werden. Den Unternehmen steht dafür eine große Anzahl an familienfreundlichen Maßnahmen zur Verfügung, aus denen sie sich ein passgenaues und individuelles Angebot auswählen können. Der Bedarf der Beschäftigten steht dabei im Vordergrund. Bei kleineren Unternehmen ist nicht die Anzahl der Maßnahmen entscheidend, sondern die bloße Rücksichtnahme auf die Familienpflichten der Arbeitnehmer. Bei der Urlaubsplanung auf Familien mit schulpflichtigen Kindern Rücksicht zu nehmen verursacht keine Kosten. Die Eltern werden auf dieses Angebot aber gern zurückkommen und es dem Arbeitgeber mit einer besseren Arbeitsleistung danken.

Familienfreundlichkeit ist lange kein ausschließlich aus sozialen Gesichtspunkten betrachtetes Thema mehr. Unternehmen handeln auch hier mehr und mehr aus wirtschaftlichem Kalkül. In Zeiten des erhöhten Kostendrucks spielt die Wettbewerbsfähigkeit eine übergeordnete Rolle. Diese Untersuchung zeigt allerdings, dass sich dieses Kalkül nicht mit einer gelebten Familienfreundlichkeit im Unternehmen widerspricht, denn diese bringt viel mehr ein, als sie kostet. Unternehmen können also nicht mehr behaupten, dass sie sich familienfreundliche Maßnahmen nicht leisten können. Auf Mitarbeiter mit Familienaufgaben keine Rücksicht zu nehmen, werden sich die Unternehmen in Zukunft nicht mehr leisten können. Diese Beschäftigten haben ein großes Potential, auf das wir nicht verzichten können – die nächste Generation von Menschen, die unserer Gesellschaft neben ihrer Arbeitskraft, auch Innovationen und neue Ideen liefern.

6. Literaturverzeichnis

Beiten, Maria (2006): Familienfreundliche Maßnahmen in Unternehmen, 2. Aufl., München

Beruf & Familie gGmbH (2007): Audit Beruf & Familie. Mehr Erfolg mit mehr Familie, Frankfurt a. M.

Bittelmeyer, Andrea (2005): Beruf und Familie. Feierabend-Väter suchen neue Rolle, in: Sparkasse Nr. 04/05, Berlin

Borchardt, Anke et al. (2004): Die Genese des Kinderwunsches bei Paaren. Eine qualitative Studie, Wiesbaden

Botsch, E. et al. (2006): Familienfreundlichkeit im Betrieb. Ein Blick in die Praxis, in: WSI Mitteilungen 9/2006

Bundesministerium für Familie, Senioren, Frauen und Jugend (Hrsg.) (2005): Familie ja, Kinder nein. Was ist los mit Deutschland?, in: Monitor Familiendemographie. Beiträge aus Forschung, Statistik und Familienpolitik, Ausgabe 1-3, Berlin

Bundesministerium für Familie, Senioren, Frauen und Jugend (Hrsg.) (2006a): Unternehmensmonitor Familienfreundlichkeit 2006, Berlin

Bundesministerium für Familie, Senioren, Frauen und Jugend (Hrsg.) (2006b): Betriebliches Engagement in der Kinderbetreuung, Berlin

Bundesministerium für Familie, Senioren, Frauen und Jugend (Hrsg.) (2006c): Betriebswirtschaftliche Effekte familienfreundlicher Maßnahmen. Kosten-Nutzen-Analyse, Berlin

Bundesministerium für Familie, Senioren, Frauen und Jugend (Hrsg.) (2006d): Familienfreundliche Maßnahmen im Handwerk. Potentiale, Kosten-Nutzen-Relationen, Best-Practices, Berlin

Bundesministerium für Familie, Senioren, Frauen und Jugend (Hrsg.) (2006e): Kosten betrieblicher und betrieblich unterstützter Kinderbetreuung. Leitfaden für die Unternehmenspraxis, Berlin

Bundesministerium für Familie, Senioren, Frauen und Jugend (Hrsg.) (2007a): Newsletter Erfolgsfaktor Familie, Nr. 4/07, Berlin

Bundesministerium für Familie, Senioren, Frauen und Jugend (Hrsg.) (2007b): Familienbewusste Personalpolitik, Berlin

Bundesagentur für Arbeit (Hrsg.) (2006): Situation von Frauen und Männern auf dem Arbeits- und Ausbildungsmarkt, Nürnberg

Casper, Siegried et al. (2005): Kinder, Konflikt, Karriereknick. Notwendigkeiten und Ansatzpunkte für eine bessere Vereinbarkeit von Familie und Beruf, Stuttgart/Tübingen

Commerzbank/Seehausen, H. (2000): Das Modellprojekt Kids & Co. Eine Initiative der Commerzbank AG. Kinderbetreuung in Ausnahmefällen – eine Evaluationsstudie, Frankfurt am Main

Cornelißen, Waltraut et al. (2005): Erwerbseinkommen von Frauen und Männern, in: Cornelißen, Waltraut (Hrsg.): Gender-Datenreport. 1. Datenreport zur Gleichstellung von Frauen und Männern der Bundesrepublik Deutschland, München

De Graat, Elena (2007): Kennzahlen und Kosten-Nutzen-Relationen zur Bewertung familienfreundlicher Maßnahmen in Unternehmen, in: Esslinger, A. S. et al. (Hrsg.): Erfolgreiche Umsetzung von Work-Life Balance in Organisationen. Strategien, Konzepte, Maßnahmen, Wiesbaden

Döge, Peter (2007): Männer – auf dem Weg zur aktiven Partnerschaft?, in: Aus Politik und Zeitgeschichte. Beilage zur Wochenzeitung Das Parlament, Ausgabe 07/2007, Frankfurt am Main

Dombois, Rainer (1999): Der schwierige Abschied vom Normalarbeitsverhältnis, in: Bundeszentrale für Politische Bildung (Hrsg.), Aus Politik und Zeitgeschichte. Beilage zur Wochenzeitung Das Parlament. B 37/99, Bonn

Doppler, Klaus et al. (2005): Change Management. Den Unternehmenswandel gestalten, 11. Aufl., Frankfurt a. M./New York

Dressel, Christian (2005a): Erwerbstätigkeit - Arbeitsmarktintegration von Frauen und Männern, in: Cornelißen, Waltraut (Hrsg.): Gender-Datenreport. 1. Datenreport zur Gleichstellung von Frauen und Männern der Bundesrepublik Deutschland, München

Dressel, Christian et al. (2005b): Vereinbarkeit von Familie und Beruf, in: Cornelißen, Waltraut (Hrsg.): Gender-Datenreport. 1. Datenreport zur Gleichstellung von Frauen und Männern der Bundesrepublik Deutschland, München

Flüter-Hoffmann, Christiane et al. (2003): Wie familienfreundlich ist die deutsche Wirtschaft in: IW-Trends, Nr. 4/2003, Köln

Hank, K. et al. (2003): Kinderbetreuung und Fertilität in Deutschland, Rostock

Hoffinger, Isa (2008): Der Mütter-Knock-Out, in: Eltern, Ausgabe 3/2008, München

Juncke, David (2005): Betriebswirtschaftliche Effekte familienbewusster Personalpolitik: Forschungsstand, Münster

Klein, Doreen (2006): Zum Kinderwunsch von Kinderlosen in Ost- und Westdeutschland, Wiesbaden

Langhoff, Norbert et al. (2007): Unternehmermeinung. Zahlen oder suchen – Wie reagieren Sie auf den Fachkräftemangel?, in: Markt und Mittelstand Nr.7/2007, ohne Ort

Maschke, M. et al. (2006): Chancengleich und familienfreundlich, Frankfurt am Main

Presse- und Informationsamt der Bundesregierung (Hrsg.) (2007): Die Bundesregierung. Magazin für Wirtschaft und Finanzen, Nr. 52/07, Berlin

Reichwald, R., Höfer, C., Weichselbaumer, J. (1996): Erfolg von Reorganisationsprozessen. Leitfaden zur strategieorientierten Bewertung, Stuttgart

Schulte, Christof (2002): Personal-Controlling mit Kennzahlen, 2. Aufl., München

Schwarz, Petra (2004): Unternehmen wollen mehr qualifizierte Frauen einstellen, in: Handelsblatt Nr. 118 vom 22.06.04

Statistisches Bundesamt (Hrsg.) (2006a): 11. koordinierte Bevölkerungsvorausberechnung, Wiesbaden

Statistisches Bundesamt (Hrsg.) (2006b): Leben und Arbeiten in Deutschland. Sonderheft 2: Vereinbarkeit von Familie und Beruf.

Ergebnisse des Mikrozensus 2005, Wiesbaden

Technologie- und Gründerzentrum „Fläming" GmbH (2004); Job und Familie: Das geht!. Erster brandenburgweiter Unternehmenswettbewerb. Dokumentation, Belzig

Weber, Jürgen (2004): Einführung in das Controlling, 10.Aufl., Stuttgart

Wolff, B. / Lazear, E.P. (2001): Einführung in die Personalökonomik. Stuttgart

Wunderer, Rolf et al. (2006): Unternehmerisches Personalcontrolling. Evaluation der Wertschöpfung im Personalmanagement, 3. Aufl., München

Sonstige Quellen

Internetquellen:

(1) *Beruf & Familie gGmbH*. Online im Internet: URL: http://www.beruf-und-familie.de/index.php [09.02.2008]

(2) *Informationsdienst des Statistischen Bundesamtes.* Online im Internet: URL: https://www-genesis.destatis.de/genesis/online/logon [19.02.2008]

(3) *N24*, Karriereblocker Teilzeit. Teilzeit hat oft berufliche Nachteile. Online im Internet: URL: http://wwww.n24.de/news/newsitem_147349.html [09.02.2008]

(4) *Online-Verwaltungslexikon*. Online im Internet: URL: http://www.olev.de/g/good_practice.htm [09.02.2008]

(5) *Total E-Quality Award*. Online im Internet: URL: http://www.total-e-quality.de/teq/index.php [10.02.2008]

(6) *Unternehmen Familie*. Ein Programm der Robert-Bosch-Stiftung. Online im Internet: URL: http://www.unternehmen-familie.de/ [12.02.2008]

(7) *Unternehmenswettbewerb „Erfolgsfaktor Familie"*. Online im Internet: URL: http://erfolgsfaktor-familie.de/default.asp?id=267 [23.01.2008]

(8) *War for Talents*. Das Buhlen um High Potentials. Online im Internet: URL: http://www.4managers.de/themen/war-for-talents/ [30.01.2008]

(9) *Work & Life*. Forschung und Beratung Elena de Graat. Online im Internet: URL: http://www.work-and-life.de/ [19.02.2008]

Verwendete Gesetze:

BErzGG Bundeserziehungsgeldgesetz in der Fassung der Bekanntmachung vom 9. Februar 2004 (BGBl. I S. 206), geändert durch Artikel 3 des Gesetzes vom 13. Dezember 2006 (BGBl. I S. 2915)

SGB 5 Fünftes Buch Sozialgesetzbuch - Gesetzliche Krankenversicherung - (Artikel 1 des Gesetzes vom 20. Dezember 1988, BGBl. I S. 2477), zuletzt geändert durch § 22 Abs. 7 des Gesetzes vom 12. Dezember 2007 (BGBl. I S. 2861)

7. Anhang

Anlage 1: Familienfreundliche Maßnahmen[159]

Handlungsfeld 1: Arbeitszeit

Abgestufte Teilzeit nach Erziehungsfreistellung

Altersteilzeit

Ampelkonto

Arbeitszeiterfassungssystem

Betriebliche Elternzeit

Fahrgemeinschaften

Familienbedingte Teilzeitarbeit

Familienpause

Flexible Pausenregelungen

Freistellung zur Betreuung von Angehörigen

Gleitzeit mit Kernarbeitzeit

Gleitzeit mit/ohne Kernarbeitszeit

Gleitzeit ohne Kernarbeitzeit

Jahresarbeitszeit

Job-Sharing

Kinderbonuszeit

Lebensphasenorientierte Arbeitszeit

Sabbatical

Schichtarbeit

Sonderurlaub

Tätigkeit während der Erziehungsfreistellung

Unterstützung der Mobilität

Urlaubsregelung

Zeitkonto

Zusatzurlaub

---

[159] Entnommen aus www.berufundfamilie.de, sortiert nach Handlungsfeldern der Beruf & Familie gGmbH

Handlungsfeld 2: Arbeitsorganisation

Erstellung von Kennziffern

Gesundheitsfördernde Maßnahmen

Heranziehen von Kennziffern und Informationen zu Planungsmaßnahmen

Informationen über anstehende Veränderungen

Kommunikationszeiten

Kosten-Nutzen-Analyse

Krankenstandsanalyse

Mitspracherecht

Planungsmaßnahmen

Qualitätszirkel

Teamarbeit

Teambildung

Überprüfung von Arbeitsabläufen

Vertretungsregelungen

Zielvereinbarungen

Handlungsfeld 3: Arbeitsort

- Alternierende Telearbeit
- Arbeit von zu Hause
- Mobile Telearbeit
- Satellitenbüro
- Teleheimarbeit

Handlungsfeld 4: Informations- und Kommunikationspolitik

- 'Lokale Bündnisse für Familien'
- Belegschaftsbefragungen
- Betriebsfest / Betriebsausflug
- Betriebsversammlung
- Betriebszeitung
- Broschüre
- Einzelfallspezifische Informationen
- Engagement in (über-)regionalen Arbeitsgruppen
- Engagement in der Öffentlichkeit
- Familienbeauftragte/r
- Frauenbeauftragte
- Genderbeauftragte/r
- Gesprächskreise / Kommunikationsforen
- Gleichstellungsbeauftragte/r
- Info-Letter für Lebenspartner
- Information in Freistellungszeiten
- Intranet
- Kommunikationsinsel
- Männerbeauftragter
- Öffentlichkeitsarbeit
- Projektgruppe
- Schwarzes Brett
- Social Sponsoring
- Sprechstunde
- Tag der offenen Tür

Handlungsfeld 5: Führungskompetenz

360°-Feedback

Beurteilung von unten

Coaching

Entwicklung der Sozialkompetenz

Erfolgsabhängige Vergütungsbestandteile

Führungsbeurteilung

Führungskräfteseminare

Mentor

Promotoren

Unternehmensphilosophie / Unternehmensleitsätze

Handlungsfeld 6: Personalentwicklung

Abstimmung bei Fortbildungsmaßnahmen

Aushilfstätigkeiten für Angehörige von Beschäftigten

Berücksichtigung des Partners bei Personalentwicklungsmaßnahmen

Berücksichtigung von außerbetrieblichen Engagement

Familienpflichten kein Hinderungsgrund für Neueinstellungen / Beförderungen

Frauenförderung

Gleichberechtigte Teilnahme an Weiterbilungsmaßnahmen

Kontakthaltemöglichkeiten

Maßnahmen zur Wiedereingliederung nach der Erziehungsfreistellung

Mitarbeitergespräch

Offenheit für 'Patchwork-Berufsbiographien'

Patenkonzept

Personalentwicklungsplan

Rückkehrgespräche

Stellenbesetzung mit Angehörigen von Beschäftigten

Teilnahme von Erziehungsurlauber/innen an Weiterbildungsveranstaltungen

Teilnahme von Teilzeitbeschäftigten an Weiterbildungsveranstaltungen

Teilzeitarbeit kein Hinderungsgrund für Neueinstellungen / Beförderungen

Trainee-Programm bei Wiedereinstieg

Training des Selbstmanagements

Unterstützung aktiver Vaterschaft

Weiterbildungsmaßnahmen mit Organisation von Kinderbetreuung

Handlungsfeld 7: Entgeltbestandteile und geldwerte Leistungen

- Anrechnung von Erziehungszeiten
- Beratung und Hilfe
- Betriebliche Altersvorsorge
- Cafeteria-System
- Darlehen
- Erziehungsgeld
- Essenskostenzuschuss
- Finanzielle Hilfen
- Freizeitangebote
- Geburtsbeihilfe
- Haushaltsservice
- Hilfe bei der Wohnungssuche
- Hinterbliebenenfürsorge
- Hinterbliebenenrente
- Kinderbonusgeld
- Nutzung firmeneigener Gebrauchsgegenstände für private Zwecke
- Personalkauf
- Relocation-Service
- Soziale Vergütungsbestandteile
- Stipendien für Mitarbeiterkinder
- Übernahme von Betreuungskosten
- Übernahme von Fahrtkosten

Handlungsfeld 8: Service für Familien

- Angebote für Kinder unter 3 Jahren
- Belegplätze
- Beratung und Vermittlung
- Betriebseigene Kinderbetreuungseinrichtung
- Eltern-Kind-Arbeitszimmer
- Fahrdienst
- Ferienangebote
- Flankierende Betreuung
- Förderung von Elterninitiativen
- Hausaufgabenbetreuung
- Hortbetreuung
- Kinder im Betrieb
- Kinderbetreuungseinrichtung in Kooperation mit anderen Betrieben
- Kinderbetreuungseinrichtung in Kooperation mit einem Träger
- Kinderfrau / Tagesmutter
- Kurzzeitbetreuung
- Kurzzeitpflegeplatz
- Mittagessen
- Notdienste / Notmütter
- Pflegeheim/Altenheim
- Spielbereich
- Verlängerung der Öffnungszeiten von Kinderbetreuungseinrichtungen

Anlage 2: Rahmendaten der „Familien GmbH“[160]

Allgemeine Daten „Familien GmbH“	
Mitarbeiterzahl	**1.500**
davon Frauen	669
davon Männer	831
Frauenquote	**44,6 %**
Teilzeitquote	**14,7 %**
Teilzeitquote weiblicher Beschäftigter	28,1 %
Teilzeitquote männlicher Beschäftigter	3,9 %
Durchschnittliche Dauer der Unternehmenszugehörigkeit	**10 Jahre**
Verteilung der Mitarbeiter über die Einkommensklassen (Bruttoeinkommen)	
bis 30.000 €	43 %
bis 55.000 €	40 %
ab 55.001 €	17 %
mittleres Bruttoeinkommen der Einkommensklassen	
bis 30.000 €	25.000 €
bis 55.000 €	40.000 €
ab 55.001 €	65.000 €
Personalnebenkosten-Zuschlagssatz	**45 %**

Quellen: Statistisches Bundesamt, z. T. gerundet; eigene Berechnungen.

Abb. 16: Allgemeine Daten der „Familien GmbH“

Überbrückungskosten je Ersatzkraft „Familien GmbH“*	
Überbrückung mit unbefristeter Einstellung (Realszenario)	**17.494 €**
Überbrückung mit befristeter Einstellung	
Überbrückungszeitraum 6 Monate	13.907 €
Überbrückungszeitraum 12 Monate	14.986 €
Überbrückungszeitraum 18 Monate	16.064 €
Überbrückungszeitraum 36 Monate	17.494 €
Überbrückung mit sonstigen Maßnahmen €/Monat	**652 €**

* gewichtet mit der Qualifikationsverteilung der Zielgruppe

Abb. 17: Überbrückungskosten der „Familien GmbH“

Wiedereingliederungskosten von Erziehungsurlauberinnen/-urlaubern „Familien GmbH“	absolut (gerundet)
nach 6 Monaten	1.200 €
nach 12 Monaten	2.400 €
nach 18 Monaten	4.000 €
nach 36 Monaten	6.000 €

Abb. 18: Wiedereingliederungskosten der „Familien GmbH“

[160] Entnommen aus BFSFJ (2006c), S. 29 ff.

Rahmendaten Elternzeit „Familien GmbH"			
	Basis-szenario	Real-szenario	Optimal-szenario
Mitarbeiterzahl	1.500	1.500	1.500
davon Mitarbeiterinnen	669	669	669
Fluktuationsquote	4,5%	3,5%	3,0%
Zielgruppe	124	124	124
Verteilung der Mitarbeiter der Zielgruppe auf die Einkommensklassen (Bruttoeinkommen)			
bis 30.000 €	48%	48%	48%
bis 55.000 €	47%	47%	47%
ab 55.001 €	5%	5%	5%
Durchschnittliche Zahl an Abgängen in Elternzeit p. a.	20	20	20
Durchschnittliche Verbleibsdauer in Elternzeit (in Monaten)	36	25	12
Durchschnittlich in Elternzeit befindlich	60	41	20
Teilzeitquote der Mitarbeiter/-innen in Elternzeit	0%	30%	50%
Rückkehrquote aus der Elternzeit	20%	80%	90%
Durchschnittliche Zahl der Rückkehrer/-innen aus EZ p. a.	4	16	18
Teilzeitquote der Rückkehrer/-innen	100%	50%	30%
Verteilung der Überbrückungsmaßnahmen			
Überbrückung mit unbefristeter Einstellung	20%	20%	20%
Überbrückung mit befristeter Einstellung	70%	70%	70%
Überbrückung mit sonstigen Maßnahmen	10%	10%	10%
Durchschnittliche Wiederbeschaffungskosten je Wiederbesetzungsprozess			
Externe Wiederbesetzung einer unbefristeten Stelle (gewichtet mit der Qualifikationsverteilung der Zielgruppe)	19.244 €	17.494 €	16.619 €
Interne Wiederbesetzung einer unbefristeten Stelle (gewichtet mit der Qualifikationsverteilung der Zielgruppe)	4.973 €	4.521 €	4.295 €
Kosten für sonstige Überbrückungsmaßnahmen €/Monat			
(gewichtet mit der Qualifikationsverteilung der Zielgruppe)	652 €	652 €	652 €
Kostensenkungseffekt bei der Mitarbeiterakquise durch Attraktivitätsgewinn als Arbeitgeber	0%	-10%	-15%

Abb. 19: Rahmendaten Elternzeit der „Familien GmbH"

Anlage 3: Auszug aus Bewerbungsunterlagen zum E-Quality Award[161]

Aktionsbereich A4:
Vereinbarkeit von Beruf und Familie

Mögliche Maßnahmen	bereits realisiert (X)	beab-sichtigt (Termin)	verant-wortlich (Name)
1. Regelungen zur flexiblen Gestaltung der Arbeitszeit, z. B.	□		
1.1.Teilzeitangebote	□		
1.2 Gleitzeit	□		
1.3 Ansparen von Zeitkonten/Sabbaticals/ Jahresarbeitszeitverträge	□		
1.4 Home-Office, Telearbeit	□		
1.5 Arbeiten im Bedarfsfall auch zu Hause erledigen	□		
1.6 Jobsharing	□		
2. Ermutigung von Männern zur Nutzung familienfreundlicher Arbeitszeiten *(bitte nennen und beschreiben in Anlage Nr.)*	□		
3. Maßnahmen, um Teilzeit auch in Führungs- positionen zu fördern	□		
4. Betriebliche Unterstützung bei der Organisation der Kinderbetreuung durch beispielsweise	□		
4.1 betriebliche Kinderbetreuungseinrichtungen	□		
4.2 Einrichtung einer Notbetreuung	□		
4.3 Hilfe bei der Vermittlung von Kinderbetreuungsplätzen (Kindergarten, Krippen, Horte, Tageseltern)	□		
4.4 Unterstützung von Elterninitiativen	□		
4.5 Sponsoring	□		
4.6 Notfallregelung: Kinder am Arbeitsplatz erlaubt	□		
4.7 anderes	□		
5. Finanzielle Hilfe bei der Vermittlung von Kinderbetreuung	□		
6. Fortbestand betrieblicher Sozialleistungen während der Familienphase über den gesetzlichen Anspruch hinaus, wie z. B.	□		

[161] Entnommen aus http://www.total-e-quality.de/teq/bewerbung-download.php

(bitte nennen und beschreiben in Anlage Nr.)			
7. Kontaktangebote während der Unterbrechung, z. B. 7.1 Urlaubs- und Krankenvertretung 7.2 Versand von betrieblichen Info-Materialien 7.3 Gesprächskreise 7.4 regelmäßige Gespräche/Telefonate 7.5 informelle Kontakte 7.6 anderes *(bitte nennen und beschreiben in Anlage Nr.)*	□ □		
8. Rückkehrerregelungen für Mitarbeiter/innen nach einer längeren Unterbrechung der Berufstätigkeit zur Übernahme von Familienaufgaben (über den gesetzlichen Anspruch hinaus) 8.1 Inanspruchnahme der Rückkehrregelungen *insgesamt:* *Anteil Männer:*	□ □		
9. Freistellung bei Krankheiten von Familienangehöringen in besonderen Notfällen über den gesetzlichen Anspruch hinaus	□		
10. Ermutigung von Männern zur Übernahme von Elternzeit durch: *(bitte nennen und beschreiben in Anlage Nr.)*	□		
11. Sonstige Maßnahmen zu diesem Aktionsbereich	□		
(bitte nennen und beschreiben in Anlage Nr.)			